零基础学技能轻松入门丛书

U0394493

零基础学万用表轻松入门

数码维修工程师鉴定指导中心　组　编

韩雪涛　主　编

吴　瑛　韩广兴　副主编

机 械 工 业 出 版 社

本书以市场就业为导向，采用完全图解的表现方式，系统全面地介绍了万用表使用的知识与技能。根据国家相关职业规范和岗位就业的技术特点，本书将万用表使用技能分成 11 章：第 1 章，万用表的种类、特点与应用；第 2 章，指针万用表的结构与使用训练；第 3 章，数字万用表的结构与使用训练；第 4 章，万用表检测电流的方法；第 5 章，万用表检测电压的方法；第 6 章，万用表检测元器件的应用训练；第 7 章，万用表检修电风扇的应用训练；第 8 章，万用表检测电饭煲的应用训练；第 9 章，万用表检测微波炉的应用训练；第 10 章，万用表检测电话机的应用训练；第 11 章，万用表检修洗衣机的应用训练。每章的知识技能循序渐进，图解演示、案例训练相互补充，基本覆盖了万用表使用的初级就业需求，确保读者能够高效地完成万用表使用知识的掌握和技能的提升。

本书可作为专业技能认证的培训教材，也可作为各职业技术院校的实训教材，适合从事和希望从事电子、电气领域的技术人员、业余爱好者阅读。

图书在版编目（CIP）数据

零基础学万用表轻松入门/韩雪涛主编.—北京：机械工业出版社，2016.6（2025.4 重印）

（零基础学技能轻松入门丛书）

ISBN 978-7-111- 53974-2

Ⅰ.①零… Ⅱ.①韩… Ⅲ.①复用电表—基本知识 Ⅳ.①TM938.1

中国版本图书馆 CIP 数据核字（2016）第 126546 号

机械工业出版社（北京市百万庄大街 22 号　邮政编码 100037）
策划编辑：张俊红　　　责任编辑：吕　潇
责任校对：张玉琴　　　封面设计：路恩中
责任印制：常天培
北京机工印刷厂有限公司印刷
2025 年 4 月第 1 版·第 17 次印刷
145mm×210mm·8.5 印张·243 千字
标准书号：ISBN 978-7-111-53974-2
定价：30.00 元

本书编委会

主　编：韩雪涛

副主编：吴　瑛　韩广兴

编　委：张丽梅　宋明芳　王　丹　张湘萍
　　　　吴鹏飞　高瑞征　吴　玮　韩雪冬
　　　　唐秀鸯　吴惠英　周　洋　周文静
　　　　安　颖　梁　明　高冬冬　王露君

前　言

随着科技的进步和国民经济的发展，城乡建设的步伐不断加快，社会整体电气化水平也日益提高。无论是生产生活，还是公共娱乐，无不洋溢着现代化的气息。各种各样的电气设备不断涌入到社会生产和社会生活之中，从家庭用电到小区管理，从公共照明到工业生产，随处可以看到各种各样的电气设备，这些发展和进步也使得电工电子维修技术人员的社会需求变得越来越强烈。

从社会实际需求出发，经过大量的信息收集和数据整理，我们将电工电子领域最基础的行业技能进行归纳整理，作为图书类别划分的标准，确立了本套《零基础学技能轻松入门》丛书。本丛书共8本，分别为《零基础学电工轻松入门》《零基础学万用表轻松入门》《零基础学电工识图轻松入门》《零基础学电工仪表轻松入门》《零基础学电子元器件轻松入门》《零基础学维修电工轻松入门》《零基础学电动机修理轻松入门》《零基础学家电维修与拆装技术轻松入门》。

本套丛书定位于电工电子行业的初级和中级学习者，力求打造低端大众实用技能类图书的"全新创意品牌"。

1. 社会定位

本套丛书定位于广大电工电子技术初学者和从业人员，各大中专、职业技术院校师生，以及相关认证培训机构的学员和电工电子技术爱好者。丛书根据电工电子行业的技术特点和就业岗位进行图书品种的分类，将目前社会需求量最大、就业应用所必需的实用技能作为每种图书讲解传授的重点内容，确保每种图书都有良好的社会基础和读者需求。

2. 策划风格

本套丛书在策划风格上摒弃了传统电工电子类图书的体系格局，从初学者的岗位实际需求出发，最大限度地满足读者的从业需求。因此本套丛书重点突出了"精"、"易"、"快"三大特点：

精 即精炼，尽可能将每个领域中的行业特点和知识技能全部包含其中，让读者能够最大限度地通过一本图书完成行业技能的全面提升。

易 即容易，摒弃大量文字段的叙述，而用精彩的图表来代替，让读者轻松容易地掌握知识和技能。

快 即快速，通过巧妙的编排和图文并茂的表达，尽可能地缩短读者的学习周期，实现从知识到技能的快速提升。

3. 内容编排

本套丛书在内容编排上进行大胆创新，将国家相关的职业标准与实际的岗位需求相结合，讲述内容注重技能的入门和提升，知识讲解以实用和够用为原则，减少繁琐而枯燥的概念讲解和单纯的原理说明。所有知识都以技能为依托，都通过案例引导，让读者通过学习真正得到技能的提升，真正能够指导就业和实际工作。

4. 表达方式

本套丛书在表达方式上，考虑初学者的学习和认知习惯，运用大量图表来代替文字表述；同时在语言表述方面以及图形符号的使用上，也尽量采用行业通用术语和常见的主流图形符号，而非生硬机械地套用国家标准，这点也请广大读者引起注意。这样做的目的就是要尽量保证让读者能够快速、主动、清晰地了解知识和技能，力求让读者一看就懂、一学就会。

5. 版式设计

本套丛书在版式的设计上更加丰富，多个模块的互补既确保学习和练习的融合，同时又增强了互动性，提升了学习的兴趣，充分调动读者的主观能动性，让读者在轻松的氛围下自主地完成学习。

6. 技术保证

在图书的专业性方面，本套丛书由数码维修工程师鉴定指导中心组织编写，图书编委会中的成员都具备丰富的维修知识和培训经验。书中所有的内容均来源于实际的教学和工作案例，使读者能够对行业标准和行业需求都有深入的了解，而且确保图书内容的权威性、真实性。

7. 增值服务

在图书的增值服务方面，本套丛书依托数码维修工程师鉴定指导中心提供全方位的技术支持和服务。借助数码维修工程师鉴定指导中心为本套丛书搭建的技术服务平台：

网络平台：www. chinadse. org

咨询电话：022 – 83718162/83715667/13114807267

联系地址：天津市南开区华苑产业园区天发科技园 8 – 1 – 401

邮政编码：300384

读者不仅可以通过数码维修工程师网站进行学习资料下载，而且还可以将学习过程中的问题与其他学员或专家进行交流；如果在工作和学习中遇到技术难题，也可以通过论坛获得及时有效的帮助。

目　　录

第1章
万用表的种类、特点与应用

1.1　万用表的种类特点

1.1.1　指针万用表

指针万用表又称作模拟式万用表，它是利用一只灵敏的磁电式直流电流表（微安表）作为表盘（俗称表头）。测量时，通过表头下面的功能旋钮设置不同的测量项目和档位，并通过表头指针指示的方式直接在表盘上显示测量的结果，其最大的特点就是能够直观地检测出电流、电压等参数的变化过程和变化方向。

图 1-1 所示为典型指针万用表的外形结构。指针万用表根据外形结构的不同，可分为单旋钮指针万用表和双旋钮指针万用表。

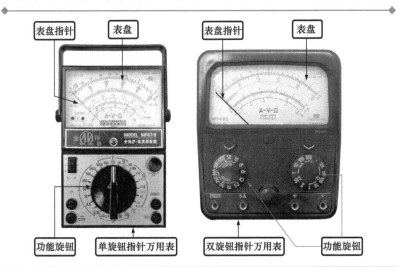

图 1-1　典型指针万用表的外形结构

1.1.2　数字万用表

数字万用表又称作数字多用表，它采用先进的数字显示技术。测量时，通过液晶显示屏下面的功能旋钮设置不同的测量项目和档位，并通过液晶显示屏直接将所测量的电压、电流、电阻等测量结果显示出来，其最大的特点就是显示清晰、直观、读取准确，既保证了读数的客观性，又符合人们的读数习惯。

图1-2所示为典型数字万用表的外形结构。数字万用表根据量程转换方式的不同，可分为手动量程选择式数字万用表和自动量程变换式数字万用表。

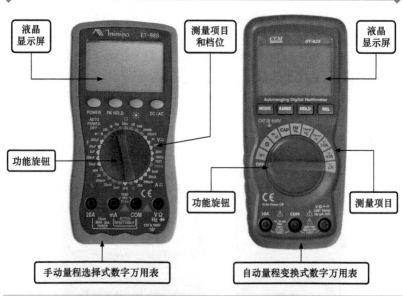

图1-2　典型数字万用表的外形结构

> **提示**
>
> 手动量程选择和自动量程变换式数字万用表都需要在测量前对档位（或测量项目）进行设置，即是要测量阻值、电压还是电流等。

　　所不同的是手动量程选择式数字万用表在档位（测量项目）设置好后，还要对量程进行调整设置，只有在量程调整设置正确的情况下，所测量的数值才是准确的。若量程调整设置不合理，不仅会影响测量结果，严重时还会损坏手动量程选择式数字万用表。

　　而自动量程变换式数字万用表在档位（测量项目）设置好后，就可以开始测量，不需再调整设置量程。

1.2　万用表的功能应用

1.2.1　万用表电流测量功能与应用

　　万用表具有电流值测量的功能。在检修电子产品时，使用万用表通过对相关电路或部件供电电流和输出电流的测量，能够迅速地确定故障。图1-3所示为典型万用表测量电流值的应用。

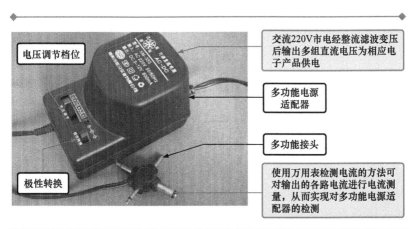

电压调节档位

极性转换

交流220V市电经整流滤波变压后输出多组直流电压为相应电子产品供电

多功能电源适配器

多功能接头

使用万用表检测电流的方法可对输出的各路电流进行电流测量，从而实现对多功能电源适配器的检测

图1-3　典型万用表测量电流值的应用

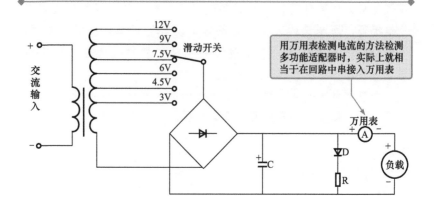

用万用表检测电流的方法检测多功能适配器时，实际上就相当于在回路中串接入万用表

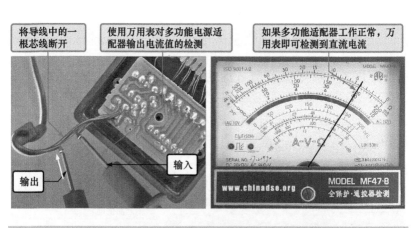

将导线中的一根芯线断开

使用万用表对多功能电源适配器输出电流值的检测

如果多功能适配器工作正常，万用表即可检测到直流电流

输入

输出

图1-3　典型万用表测量电流值的应用（续）

1.2.2　万用表电压测量功能与应用

　　万用表具有电压值测量的功能。在检修电子产品时，使用万用表通过对相关电路或部件供电电压和输出电压的测量，能够迅速地确定故障。图1-4所示为典型万用表测量电压值的应用。

交流220V
输入端

使用万用表检测电压值的方法可对开关电源电路中各输入、输出端的电压进行测量，便可实现对开关电源电路的检测

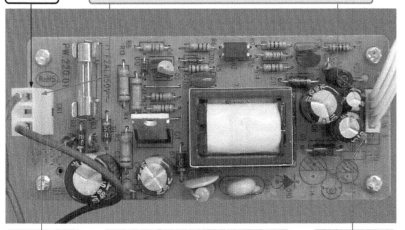

直流300V电压
输出端

按下电源启动开关，交流220V电压经该输入端接口送入开关电源电路板中

3.8 V、18 V电压
输出端

使用万用表对交流220V输入端输入电压值的检测

如果市电、电源开关、输入端插件正常，万用表即可检测到交流220V电压

图1-4　典型万用表测量电压值的应用

1.2.3　万用表电阻测量功能与应用

万用表具有电阻的测量功能。在检修电子产品时，通过万用表对元器件或部件阻值的检测，可判断元器件的好坏以及连接线、

接插件、开关等部件的通断。图 1-5 所示为典型万用表测量电阻的应用。

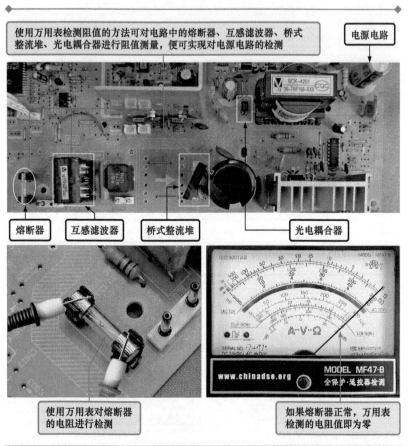

使用万用表检测阻值的方法可对电路中的熔断器、互感滤波器、桥式整流堆、光电耦合器进行阻值测量，便可实现对电源电路的检测

电源电路

熔断器 互感滤波器 桥式整流堆 光电耦合器

使用万用表对熔断器的电阻进行检测

如果熔断器正常，万用表检测的电阻值即为零

图 1-5　典型万用表测量电阻的应用

1.2.4　万用表电容测量功能与应用

用万用表测量电容的方法是数字万用表特有的检测功能。在电子产品检修时，通过万用表对电容器电容量的检测，可判断电容器的性能是否良好。图 1-6 所示为典型万用表测量电容量的应用。

使用万用表检测电容量的方法可对电子产品或电气设备中电容器的容量进行检测

如果电容器正常，万用表可检测到与标称值相近的电容值

使用万用表对电容器电容量的检测

图1-6　典型万用表测量电容量的应用

1.2.5　万用表电感测量功能与应用

用万用表测量电感量的方法也是数字万用表特有的检测功能。在电子产品检修时，通过万用表对电感器电感量的检测，可判断电感器的性能是否良好。图1-7所示为典型万用表测量电感量的应用。

使用万用表检测电感量的方法可对电子产品或电气设备中电感器的电感量进行检测

如果电感器（炉盘线圈）正常，万用表可检测到正常的电感值

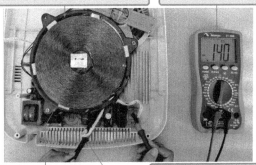

电磁炉炉盘线圈的电感量一般为135μH或140μH

使用万用表对电感器（炉盘线圈）电感量的检测

图1-7　典型万用表测量电感量的应用

1.2.6　万用表其他测量功能与应用

万用表除了具有检测电流、电压、电阻、电容、电感的功能外，对于一些功能强大的万用表来说，还带有一些其他扩展功能，如对温度、频率、晶体管放大倍数等的测量，这也是万用表在使用中经常用到的功能。图1-8所示为典型万用表其他扩展功能的应用。

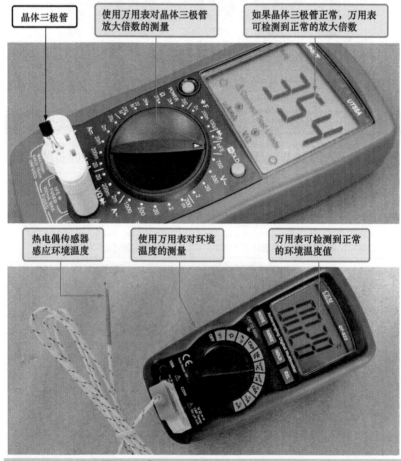

图1-8　典型万用表其他扩展功能的应用

第 2 章

指针万用表的结构与使用训练

2.1　指针万用表的结构特点与键钮分布

2.1.1　指针万用表的结构特点

指针万用表是在电子产品的维修、生产、调试中应用最广的仪表之一。检测时，将表笔分别插接到指针万用表的表笔插孔上即可，然后将表笔搭在被测器件或电路的相应检测点处，配合功能旋钮即可实现相应的检测功能。

在检测之前我们首先认识一下指针万用表的实物外形、特点以及其相应的辅助检测设备等，如图 2-1 所示，虽然指针万用表的种类和型号有多种多样，但其外形结构基本相似。

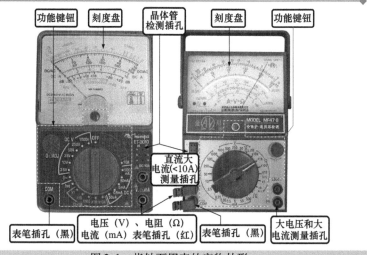

图 2-1　指针万用表的实物外形

　　指针万用表从外观上大致可以分为刻度盘、功能键钮、元器件检测插孔以及表笔插孔等几部分，其中刻度盘用来显示测量的读数，键钮用来控制万用表，元器件检测插孔用来连接被测晶体管等元器件，表笔插孔用来连接万用表的表笔。

　　指针万用表的表笔也是组成万用表的重要部分，在检测时，需要使用表笔与被测部位进行连接，从而将检测数据传送到指针万用表中，图2-2所示为典型指针万用表表笔的实物外形。

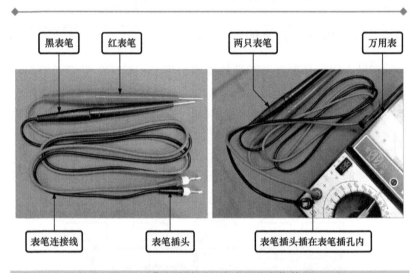

黑表笔　红表笔　两只表笔　万用表

表笔连接线　表笔插头　表笔插头插在表笔插孔内

图2-2　典型指针万用表表笔的实物外形

扩展

　　大多数的指针万用表表笔只要能够插入表笔插孔内，都是可以互用的，但有些指针万用表的表笔插孔的形状不一样，因此表笔连接端的形状也就有所差异，如图2-3所示。遇到这种情况时，就无法进行替换使用了。

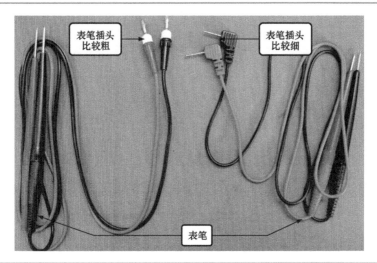

图2-3　两种不同类型的万用表表笔

有些指针万用表为了方便检测、读数和携带，设有固定支架或提手，可以通过提手很方便地携带万用表。在进行检测时，可以使用支架将其支起来，以方便读数，如图2-4所示。

图2-4　指针万用表的支架或提手

图 2-4　指针万用表的支架或提手（续）

指针万用表的供电是由电池提供的，电池一般位于电池仓内，由一节 9V 的电池以及一节 2 号的 1.5V 电池或两节 5 号的 1.5V 电池构成，如图 2-5 所示。

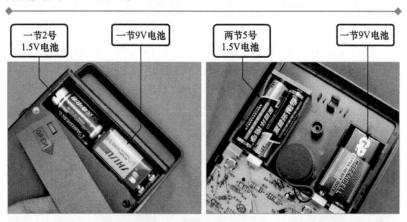

图 2-5　指针万用表的电池

2.1.2　指针万用表的键钮分布

认识了指针万用表的外部结构和简单功能后，我们再介绍一下指针万用表的键钮分布情况。指针万用表的功能很多，在检测中主要是通过其不同的功能档位来实现的，因此在使用万用表前应熟悉万用表的键钮分布以及各个键钮的功能，图2-6为典型指针万用表的结构图。

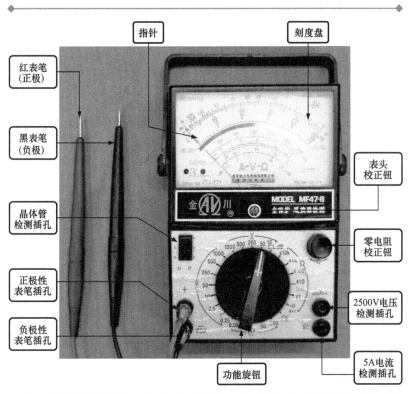

图2-6　典型指针万用表的结构图

指针万用表主要是由刻度盘、指针、表头校正钮、晶体管检测插孔、零电阻校正钮、功能旋钮、表笔插孔、2500V交直流电压检测插孔、5A电流检测插孔以及表笔组成。

 1. 刻度盘和指针

由于万用表的功能很多，因此表盘上通常有许多刻度线和刻度值，并通过指针指示所检测的数值，图2-7所示为典型指针万用表的刻度盘。

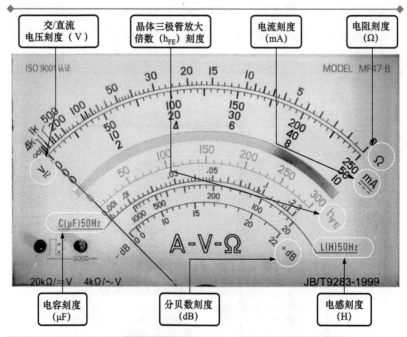

图 2-7　典型指针万用表的刻度盘

在本刻度盘上面有 6 条刻度线。这些刻度线是以同心的弧线的方式排列的，每一条刻度线上还标识出了许多刻度值，见表 2-1。

表 2-1　指针万用表上的刻度线

• 电阻刻度（Ω）	电阻刻度线位于表盘的最上面（第一条线），其右侧标有"Ω"标识，仔细观察不难发现，电阻刻度值呈指数分布，从右到左，由疏到密。刻度值最右侧为 0，最左侧为无穷大
• 交/直流电压和直流电流刻度（Ⅴ）	交/直流电压刻度线是刻度盘的第二条线，左侧标识为"Ⅴ"，表示这条线是测量交流电压和直流电压时所要读取的刻度。0 位在左侧，下方有 3 排刻度值与刻度相对应
• 三极管放大倍数刻度（hFE）	三极管放大倍数刻度位于刻度盘的第四条线，在右侧标有"hFE"，其 0 位在刻度盘的左侧。指针万用表的最终三极管放大倍数测量值为相应的指针读数
• 电流刻度（mA）	直流刻度与交/直流电压共用一条刻度线，右侧标识为"mA"，表示这条线是测量电流时所要读取的刻度，0 位在线的左侧

（续）

• 电容刻度（μF）	电容（μF）刻度位于刻度盘的第五条线，在左侧标有"C（μF）50Hz"的标识，表示检测电容时，需要在使用50Hz交流信号的条件下进行电容器的检测，方可通过该刻度盘进行读数，其中"（μF）"表示电容的单位为μF
• 电感刻度（H）	电感（H）刻度位于刻度盘的第六条线，在右侧标有"L（H）50Hz"的标识，表示检测检测电感时，需要使用50Hz交流信号的条件下进行电容器的检测，方可通过该刻度盘进行读数，其中"（H）"表示电感的单位为H
• 分贝数刻度（dB）	分贝数刻度是位于表盘最下面的第七条线，在它的两侧都标有"dB"，刻度线两端的"－10"和"＋22"表示其量程范围，主要是用于测量放大器的增益或衰减值

扩展

　　有一些指针万用表中可能没设分贝测量档位（dB档），这时，我们可以通过使用交流电压档进行测量，测量时可根据不同的交流电压档位进行读取数值。若是使用交流电压10V档测量时，可以直接在刻度读取分贝数数值；若是用其他交流电压档时，则读数应为指针的读数加上附加的分贝数。其具体的实例如图2-8所示。

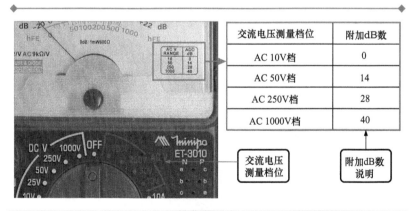

交流电压测量档位	附加dB数
AC 10V档	0
AC 50V档	14
AC 250V档	28
AC 1000V档	40

交流电压测量档位

附加dB数说明

图2-8　分贝档与交流电压档共用一个档位

2. 表头校正钮

如图 2-9 所示，表头校正螺钉位于表盘下方的中央位置，用于进行万用表的机械调零。正常情况下，指针万用表的表笔开路时，表的指针应指在左侧 0 刻度线的位置。如果不在 0 位，就必须进行机械调零，使万用表指针能够准确的指在 0 位，以确保测量的准确。

图 2-9　表头机械调零螺钉

如图 2-10 所示，使用一字螺丝刀调整万用表的表头校正钮，进行万用表的机械调零。

图 2-10　表头的机械调零

3. 零电阻调整钮

零电阻校正钮位于表盘下方，主要是用于调整万用表测量电阻时的准确度，零电阻校正钮的操作如图 2-11 所示。

将万用表的红、黑表笔进行短接

通过旋转零电阻校正钮，使指针万用表的指针指向零位置

图 2-11　零电阻校正钮的操作

在使用指针万用表测量电阻前要进行零电阻调整，将万用表的两只表笔短接，观察万用表指针是否指向 0Ω，若指针不能指向 0Ω，用手旋转零电阻校正钮，直至指针精确指向 0Ω 位置。

> **提示**
>
> 　　通常，指针万用表测量电阻时需要万用表自身的电池供电，且在万用表的使用过程中，电池会不断地损耗，会导致万用表测量电阻时的精确度下降，所以测量电阻前都要先通过零电阻校正钮进行调零，或称 0Ω 调整。

4. 晶体管检测插孔

操作面板左侧有两组测量端口，它是专门用来对晶体三极管的放大倍数 h_{FE} 进行检测的，如图 2-12 所示。

这两组测量端口都是由 3 个并排的小插孔组成，标识有 "c"（集电极）、"b"（基极）、"e"（发射极）的标识，分别对应两组端口的三个小插孔。

检测时，首先将万用表的功能开关旋至 "h_{EF}" 档位，然后将待测三极管的三个引脚依标识插入相应的三个小插孔中即可。

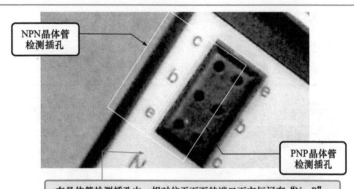

在晶体管检测插孔中，相对位于下面的端口下方标记有"N、P"的文字标识，这两个端口分别用于对NPN、PNP型三极管进行检测

图 2-12　三极管检测插孔

5. 功能旋钮

功能旋钮位于指针万用表的主体位置（面板），在其四周标有测量功能及测量范围，通过旋转功能旋钮可选择不同的测量项目以及测量档位，如图 2-13 所示。

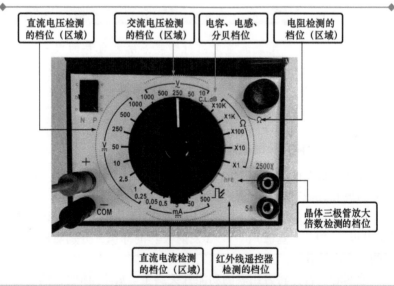

图 2-13　指针万用表的功能旋钮

在功能旋钮的周围有量程刻度盘，每一个测量项目中都标识出了该项目的测量量程，见表2-2。

表2-2   指针万用表的功能旋钮刻度盘

● 交流电压检测的档位（区域）（$\underline{V}$）	测量交流电压时选择该档，根据被测的电压值，可调整的量程范围为"10V、50V、250V、500V、1000V"
● 电容、电感、分贝检测区域	测量电容器的电容量；电感器的电感量以及分贝值时选择该档位
● 电阻检测的档位（区域）（Ω）	测量电阻时选择该档，根据被测电阻的大小，可调整的量程范围为"×1、×10、×100、×1k、×10k"
● 晶体三极管放大倍数的检测档位（区域）：	在指针万用表的电阻检测区域中可以看到有一个 h_{FE} 档位，该档位主要是用于测量晶体三极管的放大倍数
● 红外线遥控器检测档位（⊥）	该档位主要用于检测红外线发射器，当功能旋钮转至该档位时，用红外线发射器的发射头垂直对准表盘中的红外线遥控器检测档位，并按下遥控器的功能按键，如果红色发光二极管（GOOD）闪亮表示该红外线发射器工作正常
● 直流电流检测的档位（区域）（$\underline{mA}$）	测量直流电流时选择该档，根据被测的电流值，可调整的量程范围为"0.05mA、0.5mA、5mA、50mA、500mA、5A"
● 直流电压检测的档位（区域）（$\underline{V}$）	测量直流电压时选择该档，根据被测的电压值，可调整的量程范围为"0.25V、1V、2.5V、10V、50V、250V、500V、1000V"

⑦ ▶ 提示

有些指针式万用表的电阻检测区域中还有一档位的标识为"·)))"，该档位为蜂鸣档，主要是用于检测二极管以及线路的通断。

6. 表笔插孔

通常在指针万用表的操作面板下面有 2~4 个插孔，用来与万用表表笔相连（根据万用表型号的不同，表笔插孔的数量及位置都不尽相同）。每个插孔都用文字或符号进行标识。

其中"com"与万用表的黑表笔相连（有的万用表也用"−"或"*"表示负极）；"+"与万用表的红色表笔相连；"5 $\underline{A}$"是测量电流的专用插孔，连接万用表红表笔，该插孔标识的文字表示所测最大电流值为5A。"2500 $\underline{V}$"是测量交/直流电压的专用插孔，连接万用表红表笔，插孔标识的文字表示所测量的最大电压值为2500V。

7. 表笔

指针万用表的表笔分别使用红色和黑色标识，用于将待测电路或元器件和万用表之间的连接。

2.2 指针万用表的使用训练

2.2.1 指针万用表的操作方法

在认识了指针万用表的结构和键钮功能后，我们知道了可以通过调整万用表的不同档位来测量电路和元器件的电流、电压、电阻、放大倍数等，在进行实际的使用前，应首先完成指针万用表的操控训练，如连接表笔、表头的校正、量程的调整、零电阻调整以及进行测量等内容。

1. 连接表笔

指针万用表有两支表笔，分别用红色和黑色标识，测量时将其中红色的表笔插到"＋"端，黑色的表笔插到"－"或"＊"端（COM端），如图2-14所示。

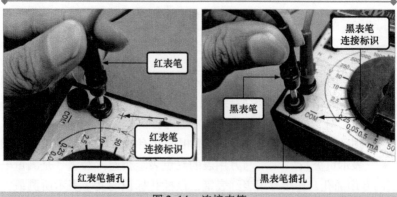

图2-14　连接表笔

扩展

此外，由于万用表上除了"＋"插孔外，有些指针万用表上还带有大电压或大电流的检测插孔，在检测这些大电压或大电流时，则需将红表笔插入相应的插孔内，如图2-15示。

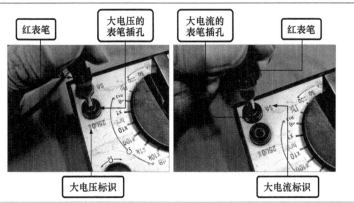

红表笔　大电压的表笔插孔　大电流的表笔插孔　红表笔

大电压标识　大电流标识

图2-15　大电压和大电流的检测表笔

2. 表头校正

指针万用表在非测量状态时，表的指针应指在0的位置。如果指针没有指到0的位置，可用螺丝刀微调校正螺钉使指针处于0位。这就是使用指针万用表测量前进行的表头校正，此调整又称零位调整，如图2-16所示。

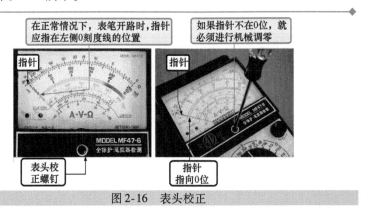

在正常情况下，表笔开路时，指针应指在左侧0刻度线的位置　　如果指针不在0位，就必须进行机械调零

指针　　　　指针

表头校正螺钉　　指针指向0位

图2-16　表头校正

3. 设置测量范围

根据测量的需要，无论测量电流、电压、还是电阻，都应扳动指针万用表的功能旋钮，将万用表调整到相应的测量状态，这样无论是测量电流、电压还是电阻都可以通过功能旋钮来轻松的切换，如图2-17所示。

检测电阻时，可将万用表量程调整为"×10"电阻档

检测电压时，可将万用表量程调整为"直流10V"电压档

图2-17　设置测量范围

4. 零电阻调整

测量电阻前要进行零电阻调整，如图2-18所示。首先将功能旋钮旋到待测电阻的量程范围，然后将两支表笔互相短接，这时表针应指向0Ω（表盘的右侧，电阻刻度的0值），如果不在0Ω处，就需要调整调零电位器旋扭使万用表表针指向0Ω刻度。

指针指示"0"

根据检测类型，将万用表的档位选择在"×100"电阻档

红黑表笔短接

调整调零旋钮，使指针指示"0"位置

图2-18　零电阻调整

提示

在进行电阻测量时，每变换一次档位（量程），都需要重新通过调零电位器进行零电阻调整。这样才能确保测量值的准确。

5. 测量

指针万用表测量前的准备工作完成后，就可以进行具体的测量，其测量方法会因测量对象的不同而有所差异。

（1）指针万用表检测电阻的操作训练

由于指针万用表中包含了欧姆表（电阻表）的功能，因此万用表拥有与欧姆表一样的测量电路中电阻的功能，电阻的标识为 Ω，因此在指针万用表的功能旋钮上一般都标有 Ω 或 OHM 等标识，图 2-19 所示为常用指针万用表的电阻档档位。

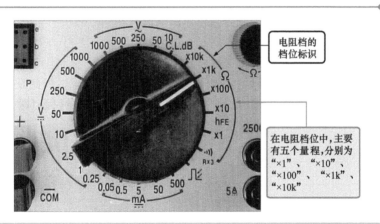

图 2-19　常用指针万用表的电阻档档位

万用表可以通过对元器件或部件阻值的检测，由数值的对比来判断元器件的好坏，以及连接线、接插件、开关等部件的通断。图 2-20 所示为检测电阻器的电阻，检测前应根据被测元器件的阻值来调整电阻档的档位（量程）。图中的电阻器标称值为 33Ω，在检测时，首先将量程调到"R×10"档，然后进行调零校正，再将两表笔分别搭在被测电阻器两端的引脚上，观察读数，若实际测量数值与标称值相差不大，则说明电阻器良好；若相差较大，则说明电阻器本身已经损坏。

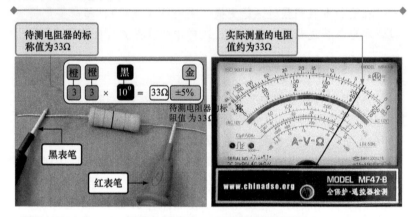

图 2-20　检测电阻器的电阻

（2）指针万用表检测直流电压的操控训练

指针万用表除了包含欧姆表的功能，还包含了伏特计（电压表）的功能，因此可检测电路中的电压，电压可分为直流电压和交流电压两种。直流电压一般用字母 DC 和 $\underline{V}$（或$\underline{V}$）标识，因此在万用表的功能旋钮处，标识为 DC V 或$\underline{V}$处为直流电压的量程，图 2-21 所示为常用指针万用表的直流电压档档位。

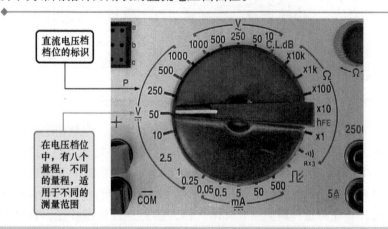

图 2-21　常用指针万用表的直流电压档档位

一般情况下，万用表可以检测 1000V 以下的直流电压，图 2-22
所示为指针万用表检测电池（直流电压源）的直流电压。

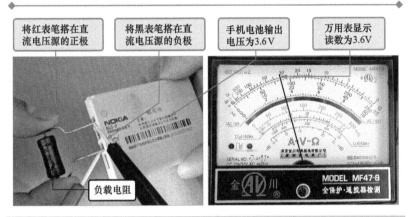

将红表笔搭在直流电压源的正极　将黑表笔搭在直流电压源的负极　手机电池输出电压为3.6V　万用表显示读数为3.6V

负载电阻

图 2-22　指针万用表检测电池的直流电压

检测时，根据电池的输出电压值，将万用表的量程调到直流电
压 10V 档上，然后用黑表笔搭在电池的负极端，红表笔搭在电池的
正极端，观察万用表的读数即可读出电压值（3.6V）。最好在电池
的两个电极之间接 100Ω/3W 的负载电阻，等效电池在有负载的工作
条件。

在电路中检测直流电压时，调整完量程后，应将万用表并联接
入电路负载元件中。并用黑表笔搭负载端的负极上，红表笔搭在正
极上，此时读取万用表显示的数值即为该负载元件的供电电压值，
图 2-23 所示为指针万用表检测电路中直流电压的操作指导。

扩展

由于万用表中检测直流电压的档位（量程）有多组，而直流
电压的数值也各不相同，因此在检测前应首先大致的估计被测数
值的大小，从而调整适当的量程，并尽量选择稍微偏大一点的量
程，若发现指针偏动较小，可以再减小量程。若被测直流电压值
较大，而选择的量程较小，检测时可能会因为指针摆动过大，而
损坏万用表。

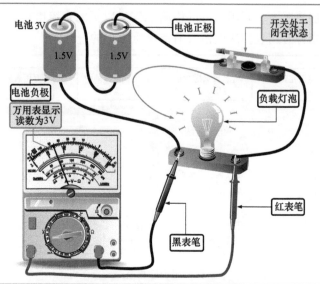

图2-23　指针万用表检测电路中直流电压的操作指导

（3）指针万用表检测交流电压的操控训练

在指针万用表交流电压档的位置上，一般标识有 ACV 或 $\underline{V}$ 等字符，其档位（量程）一般有 10V、50V、250V、500V 和 1000V 等，由于交流电压值一般较大，因此在测量交流电压时，一定要注意人身安全，并选择适当的档位进行检测，图2-24 所示为指针万用表交流电压档的档位。

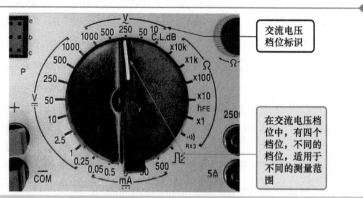

图2-24　指针万用表交流电压档的档位

作为电工技术人员，通常要检测220V交流，图2-25为指针万用表检测交流电压220V的示意图，检测时应首先将万用表调至交流250V档，然后用红表笔和黑表笔分别插在接线板的插口中，此时读取万用表的读数即为检测电压值。

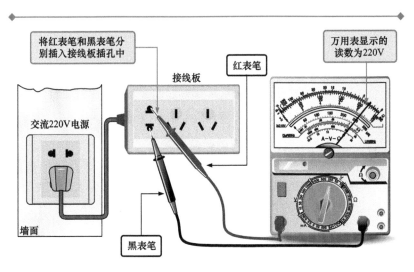

将红表笔和黑表笔分别插入接线板插孔中

接线板

红表笔

万用表显示的读数为220V

交流220V电源

黑表笔

墙面

图2-25　指针万用表检测交流电压220V的示意图

在检测交流电压时，不必区分正负极，即万用表的红、黑表笔可随意并联到电路中。

提示

一般情况下，万用表中电压值的最大量程为1000V，但在现实的应用中，有很多超过1000V的直流或交流电压值，因此在有些万用表中，设有2500V直流、交流电压插孔，其标识一般为2500Ⅴ。因此在超过1000V而处于2500V之间的电压，就可以将万用表的红表笔插在该插孔上，选择好相应的量程后，再去进行检测，以免损坏万用表，如图2-26所示。

万用表上的2500V电压插孔

图2-26　指针万用表检测大电压时的操作指导

（4）指针万用表检测电流的操控训练

指针万用表具有安培表的功能，因此万用表拥有与安培表一样的测量电路中电流的功能，电流的单位为安培，用字母 A 表示，在万用表中也设置有电流的档位，其标识一般为 DC A 或 mA，如图2-27所示。

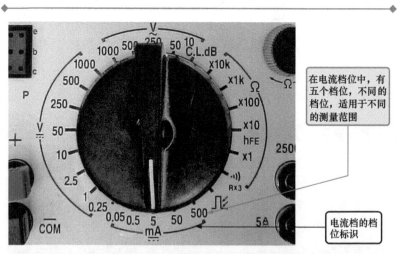

在电流档位中，有五个档位，不同的档位，适用于不同的测量范围

电流档的档位标识

图2-27　万用表中的电流档位

在电路中检测电流时，必须断开电路，将万用表的红表笔和黑表笔串联接入电路中。图2-28为指针万用表在电路中检测电流的示

意图。因为万用表本身的电阻很小，所以在测量过程中只允许正常的电流流过，如果错误的将万用表并联在一个负载或电源上，那么会有一个很大的电流流过万用表，可能会损坏万用表。检测时，应首先估算电流的大小，再调整万用表的量程，调整时可选择比估算电流值稍大的档位。

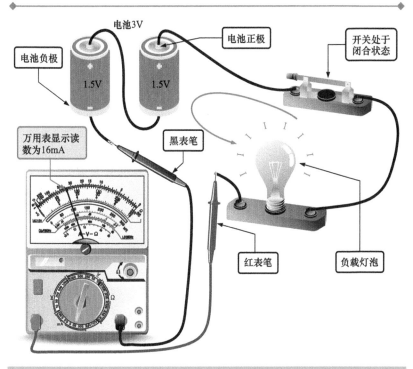

电池3V

电池负极

电池正极

开关处于闭合状态

1.5V

1.5V

万用表显示读数为16mA

黑表笔

红表笔

负载灯泡

图 2-28　指针万用表在电路中检测电流

扩展

指针万用表的量程一般可以分 0.05mA、0.5mA、5mA、50mA、500mA 等，基本上可以满足电工测量的要求，但在实际的应用中，很多电流值都大于 500mA，因此一般在指针万用表中设有一个特殊的插孔，其标识多为 5 <u>A</u>，将红表笔插入该插孔时，可以检测大于 500mA 而小于 5A 的电流值，如图 2-29 所示。

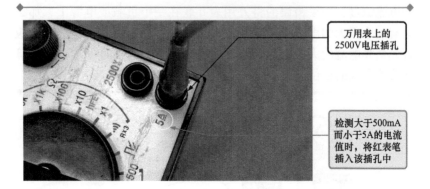

图 2-29 指针万用表检测大于 500mA 小于 5A 电流时的操作指导

（5）指针万用表检测晶体管放大倍数的操控训练

有些指针万用表中，可以用来检测三极管的放大倍数，一般情况下，在功能调节旋钮上，可以看到"h_{FE}"的标识，该档位即为晶体管放大倍数测量档，在检测晶体管时，将档位调整到该位置即可，如图 2-30 所示。

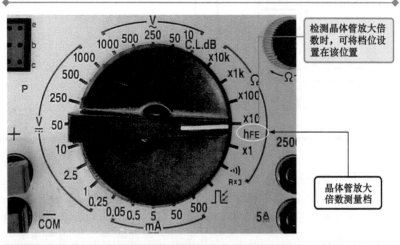

图 2-30 晶体管放大倍数测量的档位

在指针万用表上有专门用来对晶体管的放大倍数 hFE 进行检测的插孔，分别对 NPN 型和 PNP 型晶体三极管进行检测。晶体管放大倍数刻度位于刻度盘上的第四条线，在右侧标有"h_{FE}"。其 0 位在刻度盘的左侧，指针最终指示的读数即为晶体三极管的放大倍数，如图 2-31 所示。

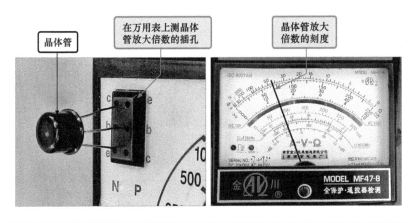

图 2-31　晶体三极管放大倍数的检测

2.2.2　指针万用表测量数据的读取方法

根据前文可知，指针万用表可用来检测电阻、直流电压、交流电压、电流以及晶体三极管放大倍数等，下面介绍指针万用表测量数据的读取方法。

 1. 指针万用表测量电阻数据的读取训练

使用指针万用表检测电阻值时，需要在断电的情况下进行，图 2-32 所示为检测电阻器 R_X 的方法。下面介绍用指针万用表检测直流电压时读数的识读方法。

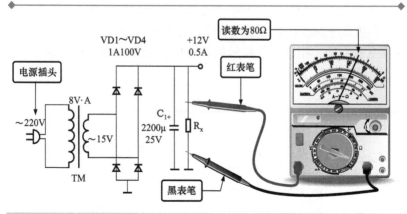

图 2-32　检测电阻器 R_x 的方法

选择"×10"电阻档,若指针指向图中所示的位置(10),如图 2-33 所示。读取电阻值时,由倍数关系可知,所测得的电阻值为 $10 \times 10 = 100\Omega$。

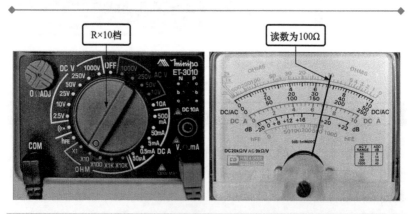

图 2-33　选择"×10"电阻档,读数为 100Ω

若将量程调至"×100"电阻档时,指针指向 10 的位置上,如图 2-34 所示。读取电阻值时,由倍数关系可知,所测得的电阻值为 $10 \times 100 = 1000\Omega$。

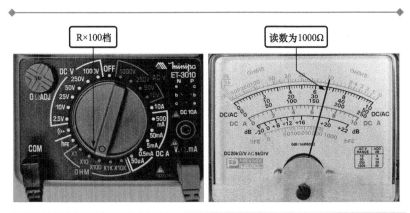

图 2-34　选择"R×100"电阻档，读数为1000Ω

　　若将量程调至"×1k"电阻档时，指针指向 10 的位置上，如图 2-35 所示。读取电阻值时，由倍数关系可知，所测得的电阻值为 $10 \times 1k = 10k\Omega$。

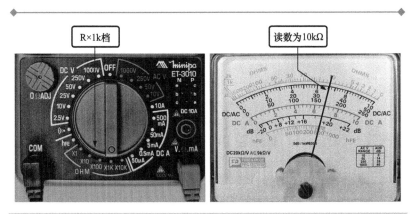

图 2-35　选择"R×1 k"电阻档，读数为 10 kΩ

　　若将量程调至"×10 k"电阻档时，指针指向 10 的位置上，如图 2-36 所示。读取电阻值时，由倍数关系可知，所测得的电阻值为 $10 \times 10k = 100k\Omega$。

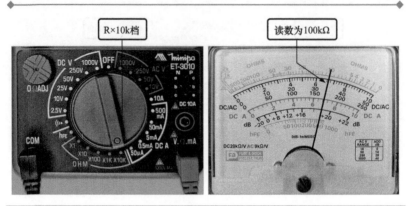

图2-36　选择"R×10 k"电阻档，读数为100kΩ

 2. 指针万用表测量直流电压数据的读取训练

使用指针万用表检测直流电压值时，可以使用直流电压档，即可检测出直流电压值，如图2-37所示。下面介绍用指针万用表检测直流电压时读数的识读方法。

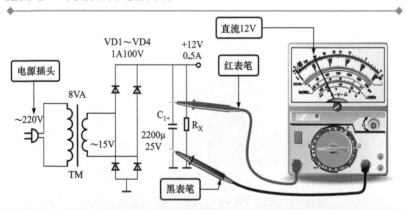

图2-37　用直流电压档测量直流电压值

选择"直流2.5 V"电压挡进行检测时，若指针指向图2-38所示的位置上，读取电压值时，选择0～250刻度盘进行读数，由于档位与刻度盘的倍数关系，所测得的电压值为 $175 \times (2.5/250) = 1.75$ V。

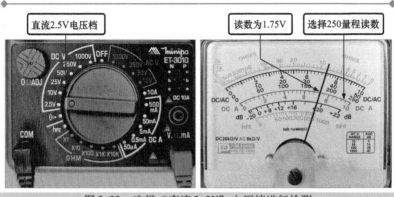

图 2-38　选择"直流 2.5V"电压档进行检测

选择"直流 10 V"电压档进行检测时，若指针指向图 2-39 所示的位置上，读取电压值时，选择 0 ~ 10 刻度盘进行读数，可读出电压值为 7V。

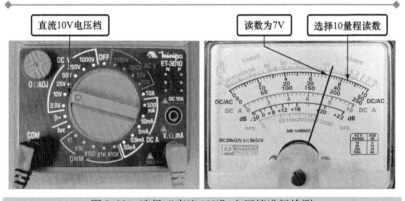

图 2-39　选择"直流 10V"电压档进行检测

提示

选择"直流 10 V"电压档、"直流 50 V"电压档、"直流 250 V"电压档进行检测时，均可以通过指针和相应的刻度盘位置直接进行读数，并不需要进行换算，而使用"直流 2.5 V"电压档、"直流 25 V"电压档以及"直流 1000 V"电压档进行检测时，则需要根据刻度线的位置进行相应的换算。

选择"直流25 V"电压档进行检测时，若指针指向图2-40所示的位置上，读取电压值时，选择0~250刻度盘进行读数，由于档位与刻度盘的倍数关系，所测得的电压值为175 × （25/250）＝17.5V。

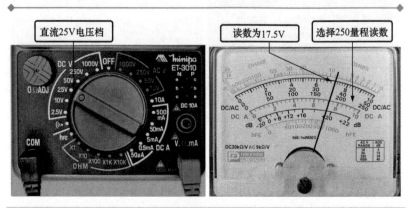

图2-40　选择"直流25V"电压档进行检测

选择"直流1000 V"电压档进行检测时，若指针指向图2-41所示的位置上，读取电压值时，选择0~10刻度盘进行读数，由于档位与刻度盘的倍数关系，所测得的电压值为7 × （1000/10）＝700V。

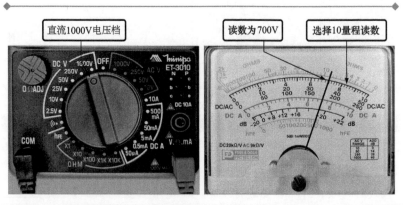

图2-41　选择"直流1000V"电压档进行检测

3. 指针万用表测量交流电压数据的读取训练

使用指针万用表检测交流电压值时，可以使用指针万用表的交流电压档。图 2-42 所示为检测变压器输出交流 15 V 电压的方法，下面介绍指针万用表检测直流电压时读数的识读方法。

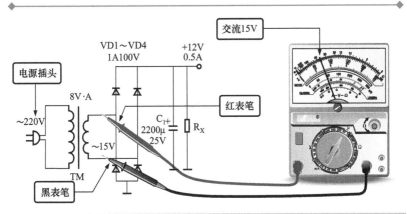

图 2-42　检测变压器输出交流 15V 电压的方法

选择"交流 50V"电压档进行检测时，若指针指向图 2-43 所示的位置，读取电压值时，选择 0～50 刻度盘进行读数，所测得的电压值为 15V。

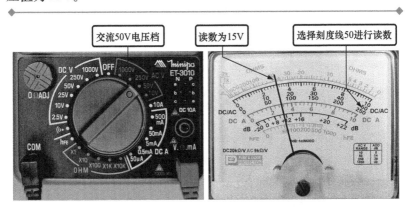

图 2-43　选择"交流 50 V"电压档进行检测

在对交流电压值检测时，选择"交流10V"电压档、"交流50V"电压档、"交流250V"电压档进行检测时，均可以通过指针和相应的刻度盘位置直接进行读数，并不需要进行换算；而使用"交流1000V"电压档进行检测时，则需要根据刻度线的位置进行换算。

选择"交流1000V"电压档进行检测时，若指针指向图2-44所示的位置，读取电压值时，选择0~50刻度盘进行读数，所测得的电压值为15V。

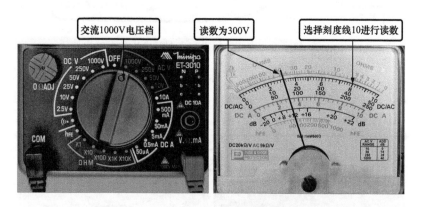

图2-44　选择"交流1000 V"电压档进行检测

4. 指针万用表测量直流电流数据的读取训练

使用指针万用表可以用来检测电路的直流工作电流，检测时需将万用表串入电路中，如图2-45所示。下面介绍指针万用表检测直流电流的读数识读方法。

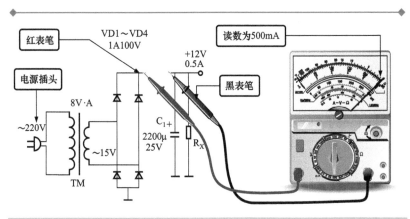

图2-45 将电流表串入电路中测量电流

选择"直流50μA"电流档进行检测时,若指针指向图2-46所示的位置,读取电流值时,由于电流的刻度盘只有一条0~10的刻度线,所测得的电流值为$6.8 \times (50/10) = 34 \mu A$。

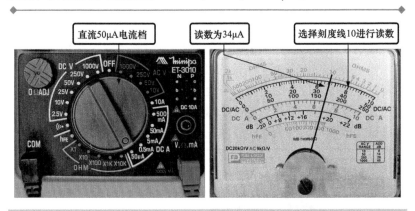

图2-46 选择"直流50μA"电流档进行检测

💡 提示

使用指针万用表对直流电流检测时,由于电流的刻度盘只有一条"0~10"刻度值,因此无论是使用"直流50μA"电流档、"直流0.5mA"电流档、"直流5mA"电流档、"直流50 mA"电流档还是"直流500mA"电流档,进行检测时都应进行换算,即使用指针的位置×（量程的位置/10）。有些指针万用表的直流电流刻度盘和直流电压刻度盘和在一起，在读数时，可以有多种计算方法。

若测量的电流大于500mA，需要使用"直流10A"电流挡进行检测时，则需要将万用表的红表笔插到"DC 10A"的位置上，在进行读数，如图2-47所示，通过刻度盘上0～10的刻度线，可直接读出为6.8A。

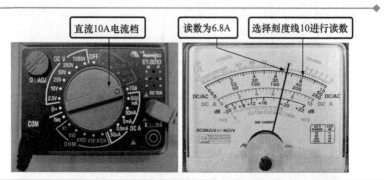

图2-47　测量大于500mA的电流时，需使用"直流10A"电流档

5. 指针万用表测量晶体三极管放大倍数的读取训练

使用指针万用表检测晶体三极管的放大倍数时，将万用表的档位调整至晶体三极管测量挡进行检测即可。若指针指向图2-48所示的位置，读取电流值时，通过晶体三极管放大倍数刻度（h_{FE}）线直接进行读数即可．所测得的晶体三极管的放大倍数为30倍左右。

图2-48　通过晶体三极管放大倍数刻度（h_{FE}）线直接读数

第3章
数字万用表的结构与使用训练

3.1　数字万用表的结构特点与键钮分布

3.1.1　数字万用表的结构特点

数字万用表是一种采用液晶显示屏显示测试结果的万用表。数字万用表与指针万用表相比，更加灵敏、准确，它凭借更强的过载力、更简单的操作和直观的读数而得到广泛应用。

数字万用表是最常见的仪表之一，其使用领域与指针万用表类似，但其外观、结构与指针万用表有一定的差异，图 3-1 所示为典型的数字万用表。

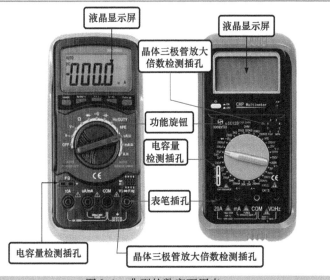

图 3-1　典型的数字万用表

3.1.2　数字万用表的键钮分布

　　数字万用表外部结构最明显的区别在于，采用液晶显示屏代替指针万用表的指针和刻度盘。其键钮部分与指针式万用表大同小异，图3-2为数字万用表的键钮分布图。

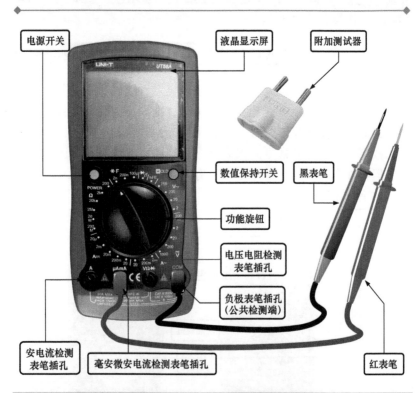

电源开关

液晶显示屏

附加测试器

数值保持开关

黑表笔

功能旋钮

电压电阻检测
表笔插孔

负极表笔插孔
（公共检测端）

安电流检测
表笔插孔

毫安微安电流检测表笔插孔

红表笔

图3-2　数字万用表的键钮分布图

　　从图3-2中可以看出，数字万用表主要是由液晶显示屏、电源开关、数值保持开关、功能旋钮、表笔插孔、附加测试器以及表笔组成。

1. 液晶显示屏

　　液晶显示屏用来显示检测数据、数据单位、表笔插孔指示、安全警告提示等信息。**图3-3所示为检测交流电压时的液晶显示屏。**在显示测量值的左侧有交流标识AC；数值的上方为单位V；液晶显示屏的下方可以看到表笔插孔指示为VΩ和COM，即红表笔插接在VΩ表笔插孔上，黑表笔插接在COM表笔插孔上。在VΩ和COM表笔插孔指示之间有一个闪电状高压警告标志，应注意安全。

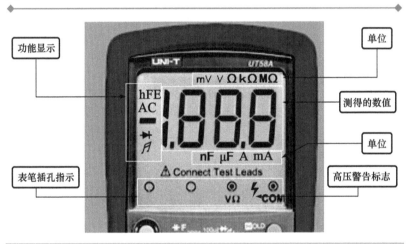

图3-3　检测交流电压时的液晶显示屏

> 扩展

　　在使用数字万用表对元器件（或设备）进行测量时，最好大体估算一下待测器件（或设备）的最大值，再进行检测，以免检测时量程选择过大增加测量数值的误差，或者选择量程过小无法检测出待测设备的具体数值。

　　若数字万用表检测数值超过设置量程，数字万用表的液晶显示屏将显示"1"或"–1"，如图3-4所示，此时应尽快停止测量，以免损坏数字万用表。

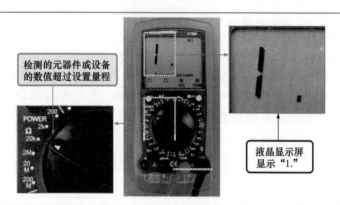

检测的元器件或设备的数值超过设置量程

液晶显示屏显示"1."

图 3-4　数字万用表的液晶显示屏将显示"1"

 2. 电源开关

电源开关上通常有"POWER"标识，用于启动或关断数字万用表的供电电源。在使用完毕万用表时应关断其供电电源，以节约能源。

 3. 数值保持开关

数字万用表通常有一个数值保持开关，英文标识为"HOLD"，在检测时按下数值保持开关，可以在显示屏上保持所检测的数据，方便使用者读取记录数据，如图 3-5 所示，读取记录后，再次按下数值保持开关即可恢复检测状态。

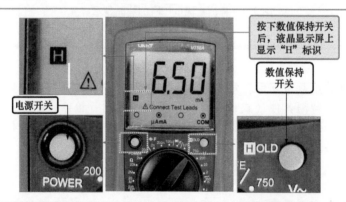

按下数值保持开关后，液晶显示屏上显示"H"标识

数值保持开关

电源开关

图 3-5　再次按下数值保持开关即可恢复检测状态

扩展

由于很多数字万用表本身就有自动断电的功能，即长时间不使用时万用表会自动切断供电电源，所以不宜使用数值保持开关长期保存数据。

4. 功能旋钮

数字万用表的功能旋钮为不同的检测设置及相对应的量程，其功能与指针式万用表的功能旋钮相似，测量功能包括对电压、电流、电阻、电容、晶体二极管、晶体三极管等的测量，如图 3-6 所示。

图 3-6　数字万用表的功能旋钮与量程

扩展

数字万用表的功能旋钮和指针万用表的功能旋钮虽然都有电压档、电流档、电阻档等，但在实际使用中，数字万用表的电阻档位与指针万用表是不同的，如图 3-7 所示。从图中可以看出，指针万用表的电阻档位为"×1""×10""×100""×1k""×10k"；数字万用表的电阻档位为"200""2k""20k""2M""20M""200M"。因此二者的计算方法也不相同，其使用中的区别将在后面的章节中分别介绍。

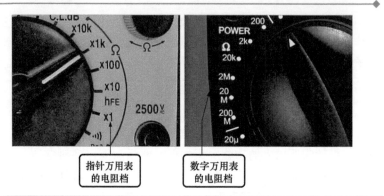

指针万用表
的电阻档

数字万用表
的电阻档

图 3-7　数字万用表与指针万用表的电阻档位

 5. 表笔插孔

数字万用表的表笔插孔主要用于连接表笔的引线插头和附加测试器，如图 3-8 所示。红表笔连接测试插孔，如测量电流时红表笔连接 A 插孔或 μAmA 插孔，测量电阻或电压时红表笔连接 VΩ 插孔，黑表笔连接接地端；在测量电容量、电感量和晶体三极管放大倍数时，附加测试器的插头连接 μAmA 和 VΩ 插孔。

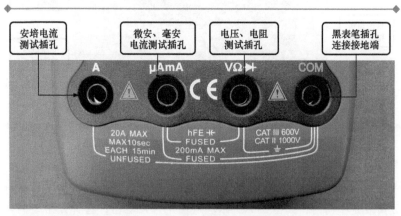

安培电流
测试插孔

微安、毫安
电流测试插孔

电压、电阻
测试插孔

黑表笔插孔
连接接地端

图 3-8　数字万用表的表笔插孔

提示

通过上图可以看到表笔插孔之间有三角形感叹号标识。该标志是安全警告标志，表示数字万用表的表笔在连接该表笔插孔时，所检测的电流或电压可能对人造成伤害，在检测时应引起注意。

 6. 附加测试器

数字万用表还配有一个附加测试器，主要用来检测三极管的放大倍数和电容器的电容量。在使用时按照万用表的提示将附加测试器插接在万用表的 μAmA 插孔和 VΩ 插孔上，再将三极管或电容器插在附加测试器的插孔上即可，如图3-9所示。

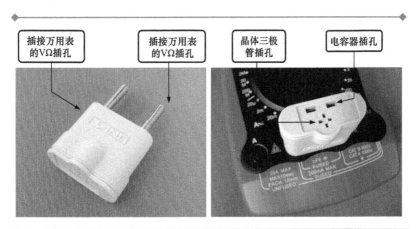

插接万用表的VΩ插孔　　插接万用表的VΩ插孔　　晶体三极管插孔　　电容器插孔

图 3-9　数字万用表的附加测试器

7. 表笔

数字万用表的表笔分别使用红色和黑色标识，用于与待测电路或元器件和万用表之间的连接。

在使用数字万用表的表笔检测时，需要将表笔连接在万用表的表笔插孔上，连接时注意将黑表笔连接在 COM 插孔，红表笔应根据被测对象连接其功能插孔，图 3-10 所示为测量电流时的连接和测量电阻、电压时的连接。

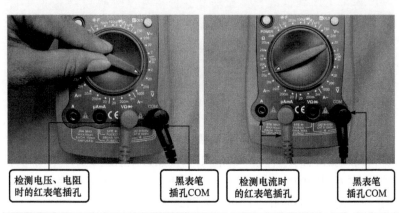

检测电压、电阻时的红表笔插孔　黑表笔插孔COM　检测电流时的红表笔插孔　黑表笔插孔COM

图 3-10　测量电流和电压、电阻时的连接

使用数字万用表的表笔时要握住其绝缘部分，用金属表笔接触检测点进行检测，以保证检测数值的准确性和检测人员的人身安全，如图 3-11 所示。

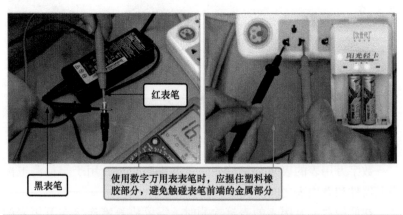

红表笔

黑表笔　使用数字万用表表笔时，应握住塑料橡胶部分，避免触碰表笔前端的金属部分

图 3-11　数字万用表表笔的使用

3.2　数字万用表的使用训练

3.2.1　数字万用表的操作方法

　　学习数字万用表的检测技能，应掌握数字万用表的基本操作方法，然后进行电阻、直流电压、交流电压、直流电流、交流电流、电容、放大倍数、通断等功能检测的操控训练。

 1. 数字万用表的基本操作方法

　　数字万用表的基本操作方法与指针万用表相似，主要包括连接测量表笔、功能设定、测量结果识读，由于一些数字万用表带有附加测试器，因此在基本操作方法中还包括附加测试器的使用。

　　（1）功能设定

　　数字万用表使用前不用像指针万用表那样需要表头零位较正和零电阻调整，只需要根据测量的需要，调整万用表的功能旋钮，将万用表调整到相应测量状态。这样无论是测量电流、电压还是电阻都可以通过功能旋钮轻松地切换。图3-12所示为设置数字万用表的档位至电容档，且测量量程为"2 nF"档。

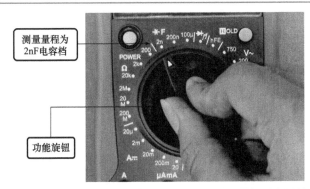

图3-12　用数字万用表，量程为"2nF"档测量电容

提示

　　数字万用表设置量程时，应尽量选择大于待测参数，但最接近的档位。若选择量程范围小于待测参数，万用表液晶屏会显示"1"，表示超范围了；若选择量程远大于待测参数，则可能读数不准确。

　　若不知道待测参数的大致范围，可以选择最大档位测量，估算出被测值的范围，再选择合适的档位测量出最终数值。

（2）开启电源开关

　　电源开关通常位于液晶显示屏下方，功能旋钮上方，带有"POWER"标识，如图3-13所示为开启电源开关的操作。

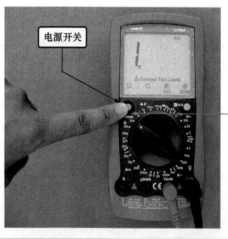

图3-13　开启电源开关的操作

扩展

　　在实际操作中，若万用表的表笔已经连接在万用表的表笔插孔上了，则可以直接开启电源开关，但很多数字万用表的液晶显示器上有表笔连接的提示信息，如上图所示，先开启电源开关可以参照提示信息连接表笔，有效地避免连接表笔的错误。

（3）连接测量表笔

数字万用表也有两支表笔，用红色和黑色标识，测量时将其中红色的表笔插到测试端，黑色的表笔插到"COM"端。COM端是检测的公共端，如图3-14所示为数字万用表测量表笔的连接。

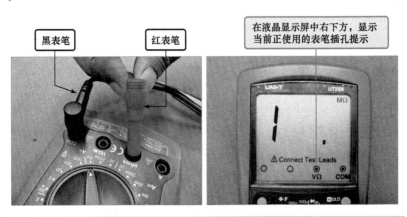

图3-14　测量表笔的连接

🔵 **提示**

在连接红表笔时，应注意表笔插孔的提示信息，根据测量值选择红表笔插孔。对于液晶显示屏上有表笔插孔的数字万用表，应按照提示信息连接表笔。

对于上述数字表，测量电压、电阻和二极管时，红表笔应插入标有"VΩ↦"符号的插口中，测量小电流（<200 mA）时红表笔应插入标有"μAmA"符号的插口中，测量大电流（<10A）时，红表笔应插入标有"A"符号的插口中。

（4）测量结果的识读

数字万用表测量前的准备工作完成后就可以进行具体的测量了。在识读测量值时，应注意数值和单位，同时还应读取功能显示以及提示信息。图3-15所示为电阻检测时万用表的读数。从图中可以看到数字万用表液晶屏上的信息，显示测量值 .816，数值的上方为单位 kΩ，即所测量的电阻值为 0.816 kΩ；液晶显示屏的下方可以看到表笔插孔指示为 VΩ 和 COM，即红表笔接在 VΩ 表笔插孔上，黑表笔接在 COM 表笔插孔上。在液晶显示屏左侧有 "H" 标志，说明此时数值保持键 "HOLD" 已按下。若需要恢复测量状态只需再次按下数值保持键即可。

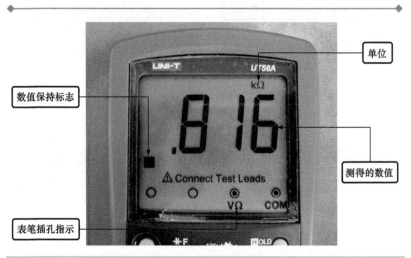

图 3-15　检测电阻时的读数

> 扩展

　　使用该数字万用表检测时，可以在液晶屏上读到测得的数值、单位以及功能显示、提示信息等。此时可以按下数值保持开关 "HOLD" 使测量数值保持在液晶显示屏上。

（5）附加测试器的使用

　　数字万用表的附加测试器用于检测电容器、电感器和三极管的放大倍数，图 3-16 所示为附加测试器的使用。在使用时应先将附加测试器插在表笔插孔中，再将被测元器件插在附加测试器上，同时应注意被测元器件与插孔相对应的标识。

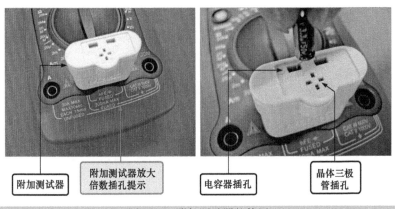

| 附加测试器 | 附加测试器放大倍数插孔提示 | 电容器插孔 | 晶体三极管插孔 |

图 3-16　附加测试器的使用

扩展

　　晶体三极管的三个引脚本身呈一条直线，在对其检测时，可以轻轻掰动晶体三极管的引脚，但注意幅度不要过大，以免损坏元器件。

 2. 电阻检测的操控训练

　　数字万用表具有测量元件、电路或部件电阻的功能。检测电阻时，可以使用数字万用表的功能旋钮选择电阻挡档位，在液晶屏上会显示出相应的 Ω 标记以及表笔应接的表笔插孔位置。**然后识读被测元件的标称阻值，根据标称阻值调整量程，将两只表笔搭在被测电阻两端的引脚上，即可读出显示屏上的读数，如图 3-17 所示。**

 3. 直流电压检测的操控训练

　　数字万用表具有伏特计的功能，可以用来测量直流电压，其直流电压挡一般有200 mV、2 V、20 V、200 V 以及1000 V 等档位，可以用来检测1000 V 以下的直流电压。

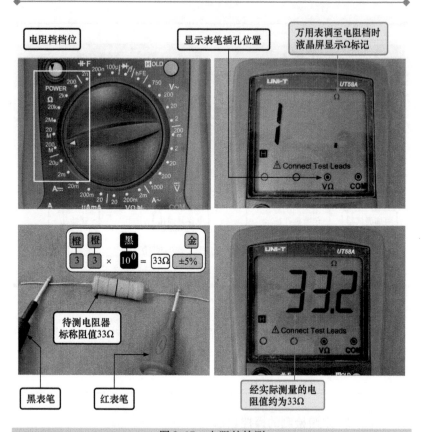

图 3-17　电阻的检测

　　使用数字万用表检测直流电压，应首先根据被测电路的电压值，调整数字万用表的量程，再将数字万用表并联接入电路的负载元件中。检测时需要注意，应将黑表笔搭在负载元件的负极，红表笔搭在负载元件的正极，此时读取的数值即为该元件的供电电压，如图 3-18 所示。示意图中以灯泡代表负载，在实际检测中可根据需要选择其他元件作为负载。

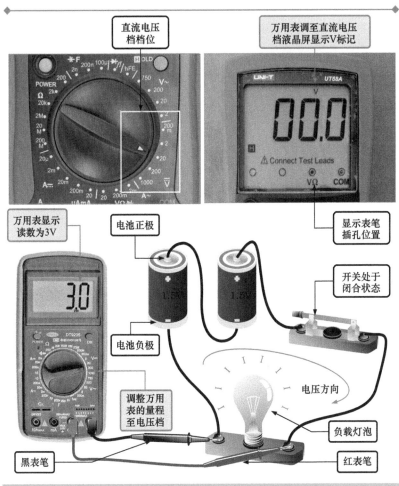

图 3-18　直流电压的检测

4. 交流电压检测的操控训练

数字万用表可以用来检测交流电压，一般包括 2V、20V、200V 以及 750V 等交流电压档位。可以用来检测 750V 以下的交流电压。

使用万用表检测电路中的交流电压时，需要将万用表并入电路中，将黑表笔和红表笔分别插入插座的两个插孔中，此时检测的数值即为该电路的交流电压值，如图 3-19 所示。

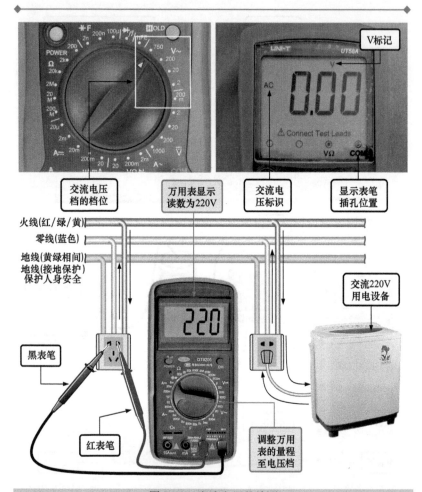

图 3-19　交流电压的检测

提示

　　检测交流电压不需要区分表笔的正、负极的连接方式。但由于检测交流电压时可能会检测到高电压，碰触高电压的火线（相线）会有危险，因此尽量将红表笔搭在火线上，黑表笔搭在零线上，给检测人员一个警示作用。

扩展

　　有些数字万用表中在检测高电压和大电流，将量程调至直流电压 1000V 或交流电压 750V 档或直流电流、交流电流 20A 档时，在数字万用表的显示屏上会显示危险标记，提醒使用人员注意安全，如图 3-20 所示。

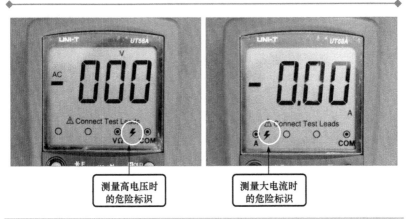

图 3-20　检测高电压和大电流时的危险标记

 5. 直流电流检测的操控训练

　　数字万用表具有安培表的功能，可以用来测量直流电流，通常有 200μA、2mA、20mA、200mA 以及 20A 等档位，可以用来检测 20A 以下的直流电流，如图 3-21 所示。

　　在检测直流电流时，必须断开电路，将数字万用表的红表笔和黑表笔串联接入电路中。因为数字万用表本身的电阻很小，所以在测量过程中只允许正常的电流流过，如果错误的将万用表并联在一个负载或电源上，那么会有一个很大的电流流过万用表，可能会损坏万用表。检测时，应首先估算电流的大小，再调整万用表的量程，调整时可选择比估算电流值稍大的档位。

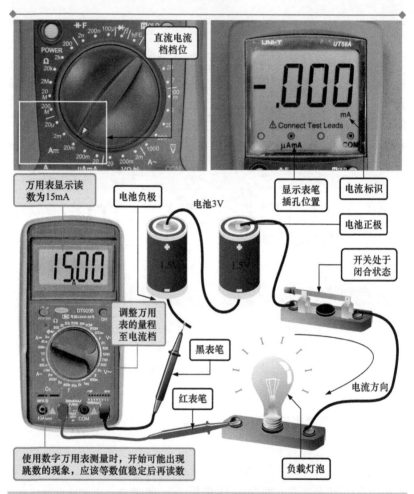

直流电流档档位

△ Connect Test Leads

显示表笔插孔位置

电流标识

万用表显示读数为15mA

电池负极

电池3V

电池正极

开关处于闭合状态

调整万用表的量程至电流档

黑表笔

红表笔

电流方向

使用数字万用表测量时，开始可能出现跳数的现象，应该等数值稳定后再读数

负载灯泡

图3-21　直流电流的检测

💡 **提示**

　　使用数字万用表检测直流电流时，要注意数字万用表的极限参数。例如在测量过程中，液晶显示屏的最高位显示数字为"1"，而其他位消隐，则说明当前数字万用表已经过载，或超过测量档位所对应的范围，应立即停止测量以免损坏万用表，然后选择更高的量程再进行测量。

6. 交流电流检测的操控训练

数字万用表可以用来测量交流电流，通常包括 2mA、200mA 以及 20A 等档位，可以用来检测 20A 以下的交流电流。将数字万用表调至交流电流档时，液晶显示屏上会显示出交流标识。

使用数字万用表检测交流电流时，需要将数字万用表调至交流电流测量档 "A～"，将其串联接入电路中，液晶显示屏上显示的数值即为该电路的电流值，如图 3-22 所示。

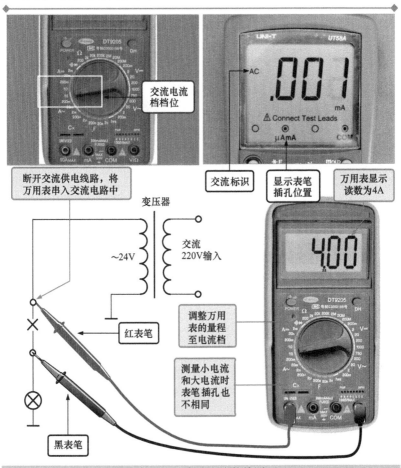

图 3-22　交流电流的检测

提示

使用数字万用表检测交流电流时不要用手指碰触万用表表笔的金属部位，要将裸露的电线放在绝缘物体上，以防电压过高引起触电。

测量电流时，小电流和大电流的表笔插孔是不相同的，检测电流大于 200 mA 时，要将红表笔连接在标识有 10 A 的表笔插孔中，如图 3-23 所示。

检测小电流时的红表笔插孔

检测大电流时的红表笔插孔

图 3-23　检测电流时万用表的表笔插孔

 7. 电容量检测的操控训练

数字万用表可以用来检测电容器的电容量，通常有 2nF、200nF、100μF 等档位，可以检测 100μF 以下的电容器的电容量是否正常。

有的数字万用表设有用来检测电容量的专用插孔，有的配有附加测试器，附加测试器上有检测电容量的插孔，上有 Cx 标识。检测电容时，根据其标称值选择适当的量程，然后将电容器插入检测插孔中，液晶屏上即可显示出相应的数值。使用配有附加测试器的数字万用表检测电容时需要先将附加测试器插入表笔插孔中，再将被测元件插入附加测试器的电容检测插孔中进行检测，如图 3-24 所示。

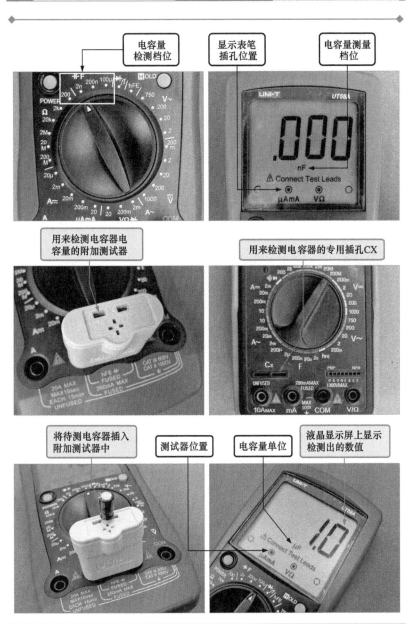

图3-24　使用附加测试器检测电容

8. 晶体三极管放大倍数检测的操控训练

很多数字万用表有检测放大倍数的功能，其功能旋钮上的档位为 h_{FE}。将功能旋钮调整至放大倍数检测档，液晶屏上显示放大倍数的标识 h_{FE}，将待测晶体三极管引脚插入放大倍数检测插孔即可在液晶屏上读取放大倍数。带有附加测试器的数字万用表，其放大倍数检测插孔一般设计在附加测试器上，如图 3-25 所示。

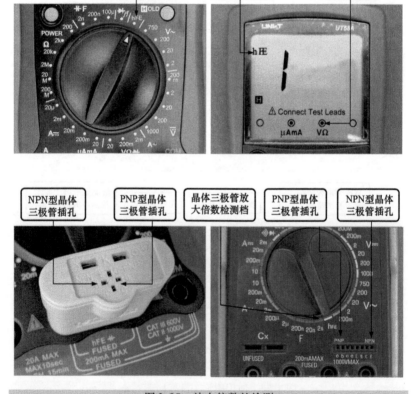

图 3-25 放大倍数的检测

将晶体三极管插入附加测试器中

放大倍数标识

液晶显示屏上显示晶体三极管的放大倍数为80

图 3-25   放大倍数的检测（续）

 9. 通断检测的操控训练

一些数字万用表有检测通断的功能，其档位标识为一个二极管和一个音符。在实际应用中，常用来检测二极管和电路的好坏。使用数字万用表检测二极管时，先将量程调至二极管检测档，将红表笔接二极管的正极，黑表笔接二极管的负极。此时万用表便可显示出相应的数值，并伴有鸣声或发光显示，如图 3-26 所示。

二极管和电路通断检测档

通断检测标识

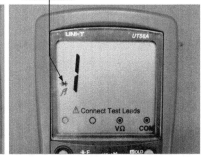

图 3-26   通断检测

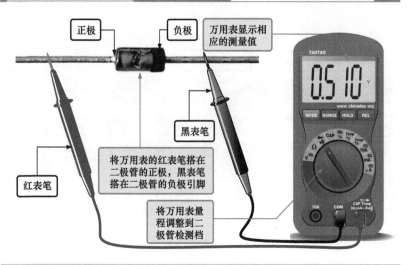

图 3-26　通断检测（续）

　　如果被测二极管开路或极性接反，则在液晶显示屏上会显示"1"。若测量在路的二极管时，则在测量前必须将电路内的电源切断，再进行检测。

3.2.2　数字万用表测量数据的读取方法

　　上面介绍了数字万用表的操控训练，由上面的内容可知，数字万用表可用来检测电阻、直流电压、交流电压、直流电流、交流电流、电容、放大倍数、通断等。下面介绍数字万用表测量数据的读取方法。

　　数字万用表是在数字电压表的基础上改进而构成的，采用液晶屏显示技术，使测量的数值清晰、直观。图 3-27 所示为典型数字万用表在检测交流 220 V 电压值时的显示。从图中可以看出，该万用表的数据读取主要包括数值、单位，还要注意检测功能标志、安全警告标志、表笔插孔指示灯提示的信息。在读取数值时应注意小数点的位置。

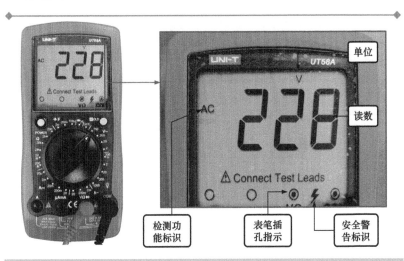

图 3-27　用万用表检测交流 220V 电压时的显示

 1. 数字万用表测量电阻数据的读取训练

使用数字万用表测量电阻，其数据可直接读取，直接读取液晶显示屏上的读数和单位即可。常见的电阻值单位为 Ω、kΩ、MΩ。当小数点出现在读数的第一位之前时，表示"0."，如图 3-28 所示，其电阻值分别为 118.6 Ω 和 0.243 MΩ。

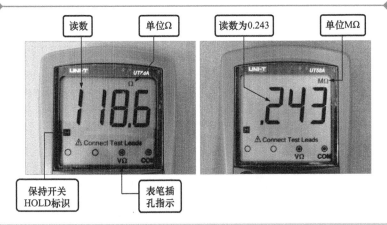

图 3-28　万用表测量电阻的数据读取

2. 数字万用表测量直流电压数据的读取训练

使用数字万用表测量直流电压，其数据可直接读取，图3-29所示为测量直流电压时数据的读取，分别为13.09 V和220 V。当选择1000 V量程时，右下角有闪电状安全警告标识，与数据的读取无关。

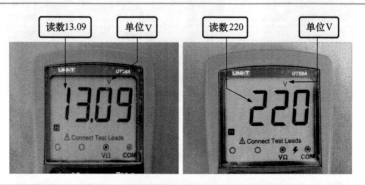

图3-29　万用表测量直流电压的数据读取

3. 数字万用表测量交流电压数据的读取训练

使用数字万用表测量交流电压，其数据可直接读取，与直流电压读取相同，液晶显示屏显示的区别是在检测功能标识处有交流"AC"标识，如图3-30所示，读取的数值为交流21.2 V。

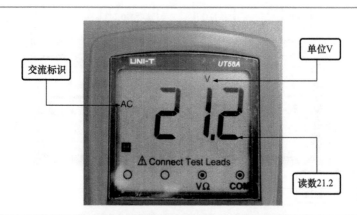

图3-30　万用表测量交流电压的数据读取

4. 数字万用表测量直流电流数据的读取训练

使用数字万用表测量直流电流，其数据可直接读取，图3-31所示为测量直流电流数据的读取，分别为0.07 μA和0.8 A。当选择20 A量程时，左下角有闪电状安全警告标识，与数据的读取无关。

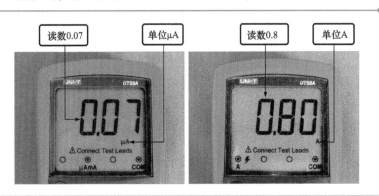

图3-31　万用表测量直流电流的数据读取

 5. 数字万用表测量交流电流数据的读取训练

使用数字万用表测量交流电流，其数据可直接读取，与直流电流读取相同，液晶显示屏显示的区别是在检测功能标识处有交流"AC"标识，如图3-32所示，测出的数值为交流7.01 A。

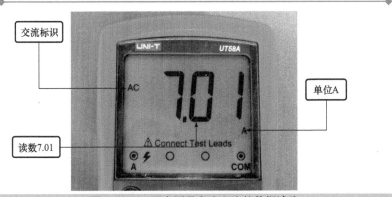

图3-32　万用表测量交流电流的数据读取

6. 数字万用表测量电容数据的读取训练

使用数字万用表测量电容，其数据可直接读取，图 3-33 所示为测量电容数据的读取，分别为 0.018 nF 和 2.9 μF。

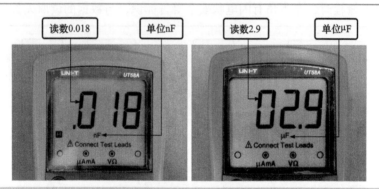

图 3-33   万用表测量电容的数据读取

 7. 数字万用表测量放大倍数的读取训练

使用数字万用表测量放大倍数，其数据可直接读取，液晶显示屏显示的检测功能标识处有放大倍数"h_{FE}"标识，如图 3-34 所示，读取的数值为 184。

图 3-34   万用表测量放大倍数的数据读取

第 4 章
万用表检测电流的方法

4.1 指针万用表检测电流的方法

4.1.1 指针万用表检测直流电流的方法

　　指针万用表检测直流电流时，根据实际电路选择合适的直流电流量程，然后断开被测电路，将万用表的红表笔（正极）接电路正极，黑表笔（负极）接电路负极，串入被测电路中，此时，即可通过指针的位置读出被测量的直流电流值。图 4-1 所示为指针万用表直流电流的检测方法及连接。

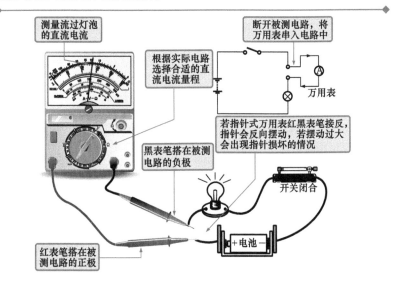

图 4-1　指针万用表直流电流的检测方法及连接

下面我们以检测充电电池性能为例，介绍指针万用表直流电流的具体检测方法。干电池是日常生活中经常用到的，由于电池输出的为直流电，因此在对电池的电量进行检测时需要选择万用表的直流电流检测功能进行检测。

指针万用表检测电池充电状态下的直流电流值的方法见图4-2。

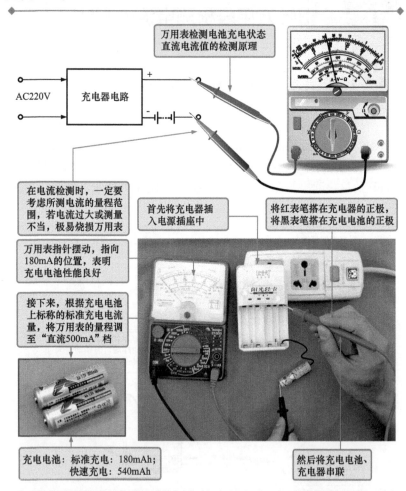

万用表检测电池充电状态直流电流值的检测原理

AC220V   充电器电路

在电流检测时，一定要考虑所测电流的量程范围，若电流过大或测量不当，极易烧损万用表

首先将充电器插入电源插座中

将红表笔搭在充电器的正极，将黑表笔搭在充电电池的正极

万用表指针摆动，指向180mA的位置，表明充电电池性能良好

接下来，根据充电电池上标称的标准充电电流量，将万用表的量程调至"直流500mA"档

充电电池：标准充电：180mAh；
快速充电：540mAh

然后将充电电池、充电器串联

图4-2 指针万用表检测电池充电状态下的直流电流值的方法

4.1.2　指针万用表检测交流电流的方法

指针万用表检测交流电流时，根据实际电路选择合适的交流电流量程，然后断开被测电路，将万用表的红、黑表笔随意串联到被测电路中，此时，即可通过指针的位置读出被测量的交流电流值。

图4-3所示为指针万用表交流电流的检测方法及连接。

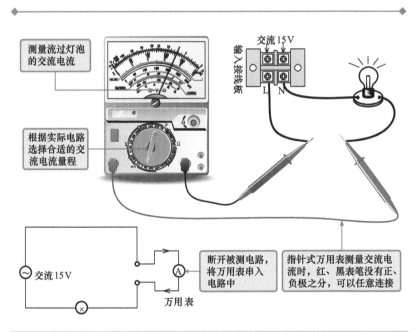

图4-3　指针万用表交流电流的检测方法及连接

下面以检测电风扇摇头电动机回路中的交流电流为例，介绍指针万用表交流电流的具体检测方法。指针万用表检测电风扇摇头电动机回路中的交流电流的方法见图4-4所示。

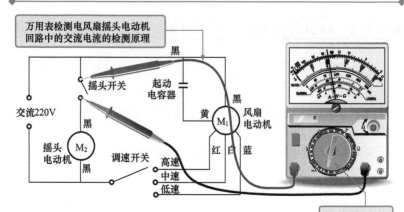

万用表检测电风扇摇头电动机回路中的交流电流的检测原理

交流220V

摇头开关　起动电容器

黑

黄　黑

红　白　蓝

风扇电动机　M₁

摇头电动机　M₂

黑　黑

调速开关　高速　中速　低速

根据额定电流将万用表的量程调整至"交流50mA"电流档

根据摇头电动机的额定功率、额定电压计算出电动机的额定电流约为0.02A=20mA

额定电流=额定功率/额定电压，即摇头电动机额定电流=4W/220V≈0.02A

将万用表的红、黑表笔分别搭在摇头开关的两端（摇头开关处于断开状态）

摇头电动机引线

观察万用表表盘，读出实测数值为20mA

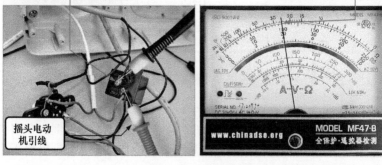

图4-4　指针万用表检测电风扇摇头电动机的交流电流

4.2　数字万用表检测电流的方法

4.2.1　数字万用表检测直流电流的方法

　　数字万用表检测直流电流时，根据实际电路选择合适的直流电流量程。然后断开被测电路，将万用表的红表笔（正极）接电路正极，黑表笔（负极）接电路负极，串入被测电路中，此时即可通过显示屏读出被测量的直流电流值。

　　图4-5所示为数字万用表直流电流的检测方法及连接。

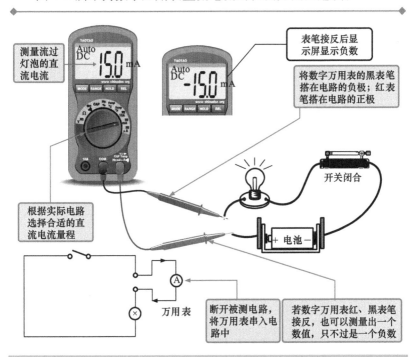

图4-5　数字万用表直流电流的检测方法及连接

　　下面我们以检测万能充电器的性能为例，介绍数字万用表直流电流的具体检测方法。通过数字万用表的直流电流检测方法来检测万能充电器输出的额定电流量以判断万能充电器是否损坏。

数字万用表检测万能充电器输出直流电流的方法见图4-6。

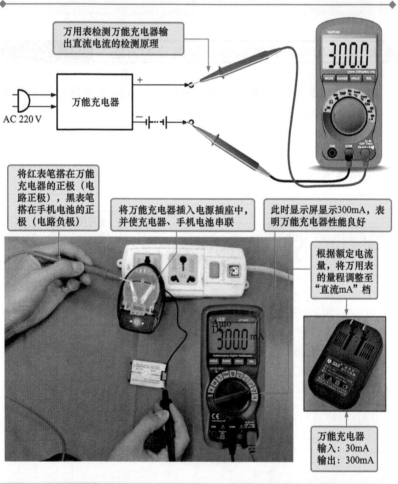

图4-6　数字万用表检测万能充电器输出直流电流的方法

4.2.2　数字万用表检测交流电流的方法

数字万用表检测交流电流时，根据实际电路选择合适的交流电流量程，然后断开被测电路，将万用表的红、黑表笔随意串联到被测电路中，此时即可通过显示屏读出被测量的交流电流值。

图4-7所示为数字万用表交流电流的检测方法及连接。

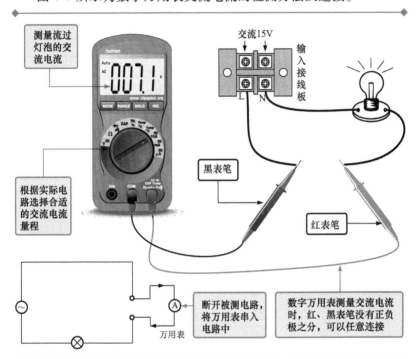

图4-7　数字万用表交流电流的检测方法及连接

提示

　　在交流电流比较大的情况下，尤其是220 V的供电电路，为了确保人身安全，一般不会使用串联万用表的方法进行测量，可通过检测电压进行然后换算得到电流的数值。

　　在实际检测过程中，我们进行测量通常使用钳型万用表检测交流高压大电流。

　　下面以检测吸尘器驱动电机回路中的交流电流为例，介绍数字万用表交流电流的具体检测方法。

数字万用表检测吸尘器驱动电机回路中交流电流的方法见图4-8所示。

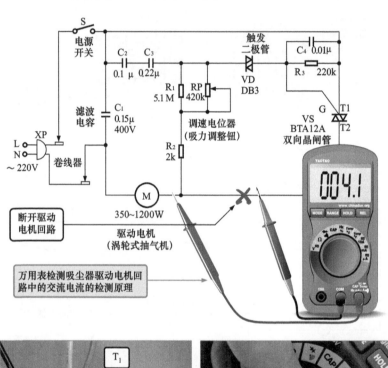

图4-8　数字万用表检测吸尘电机回路的交流电流

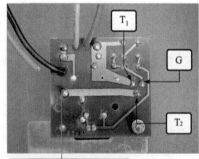

使用电烙铁将驱动电机引线与电路板连接端焊开

根据驱动电机的额定电流将万用表的量程调整至"交流10A"电流档

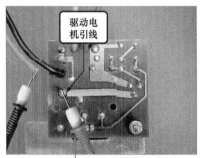

驱动电
机引线

将万用表的红、黑表笔分别搭在驱动电
机引线端和与电路板连接端的焊点处

观察万用表显示屏，读
出实测数值为4.1A

图4-8　数字万用表检测吸尘器电机回路的交流电流（续）

第 5 章
万用表检测电压的方法

5.1   指针万用表检测电压的方法

5.1.1   指针万用表检测直流电压方法

指针万用表检测直流电压时，根据实际电路选择合适的直流电压量程，然后将万用表的黑表笔接电源（或负载）的负极，红表笔接电源（或负载）的正极，此时，即可通过指针的位置读出测量的直流电压值。指针万用表直流电压的检测方法及连接如图 5-1 所示。

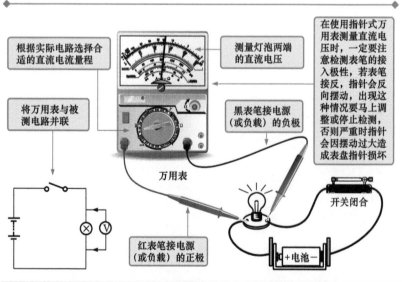

图 5-1   指针万用表直流电压的检测方法及连接

提示

　　使用指针万用表测量直流电压时，应重点注意正、负极性，再将万用表并联在被测电路的两端。如果预先不知道被测电压的极性时，应该先将万用表的功能旋钮拔到较高电压档进行试测，如果出现指针反摆的情况立即调换表笔，防止因表头严重过载而将指针打弯。

　　下面以检测开关电源电路次级直流输出电压和电池充电器输出直流电压为例，介绍指针万用表直流电压的具体检测方法。指针万用表检测开关电源直流输出电压的方法如图5-2所示。

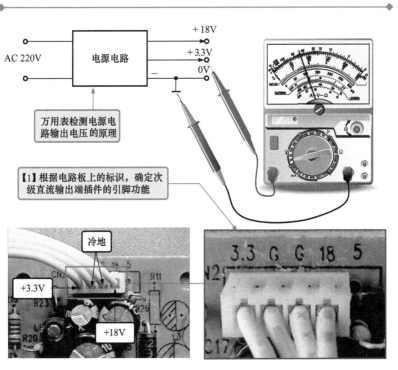

图5-2　指针万用表检测开关电源直流输出电压的方法

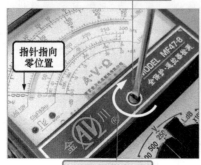

平时很少进行此项调整，只有偶然出现偏差时才需要调整

指针指向零位置

【2】对指针式万用表进行机械调零

【3】将万用表的量程调整至"直流10V"电压档

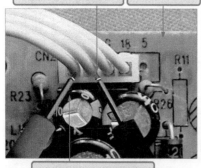

【5】将万用表的黑表笔搭在插件的接地端

【4】接通开关电源电路的电源

【6】将万用表的红表笔搭在插件的+3.3V输出端

【7】观察万用表表盘，读出实测数值为3.3V

若检测结果存在偏差，则说明开关电源电路的次级输出电路有故障

图5-2　指针万用表检测开关电源直流输出电压的方法（续）

　　指针万用表检测电池充电器输出直流电压的方法如图5-3所示。

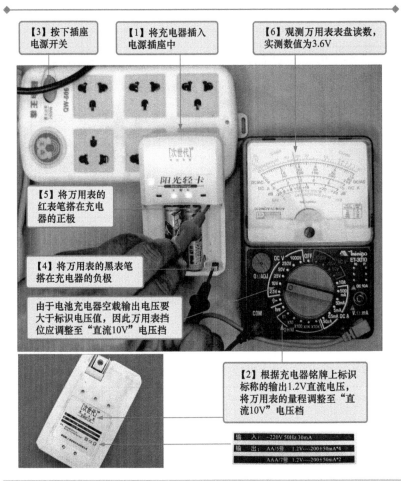

【3】按下插座电源开关

【1】将充电器插入电源插座中

【6】观测万用表表盘读数，实测数值为3.6V

【5】将万用表的红表笔搭在充电器的正极

【4】将万用表的黑表笔搭在充电器的负极

由于电池充电器空载输出电压要大于标识电压值，因此万用表挡位应调整至"直流10V"电压挡

【2】根据充电器铭牌上标识标称的输出1.2V直流电压，将万用表的量程调整至"直流10V"电压档

输　入：～220V 50Hz 30mA
输　出：AA/5号　1.2V----200±50mA*4
　　　　AAA/7号　1.2V----200±50mA*2

图5-3　指针万用表检测电池充电器输出直流电压的方法

5.1.2　指针万用表检测交流电压的方法

指针万用表检测交流电压时，根据实际电路选择合适的交流电压量程，然后将万用表的红、黑表笔并联接入被测电路中，此时，即可通过指针的位置读出测量的交流电压值。图5-4所示为指针万用表交流电压的检测方法及连接。

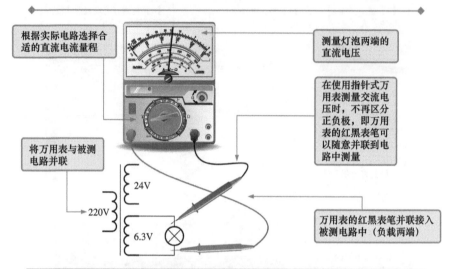

根据实际电路选择合适的直流电流量程

测量灯泡两端的直流电压

在使用指针式万用表测量交流电压时,不再区分正负极,即万用表的红黑表笔可以随意并联到电路中测量

将万用表与被测电路并联

万用表的红黑表笔并联接入被测电路中(负载两端)

图5-4　指针万用表交流电压的检测方法及连接

　　下面以检测电源转换器输出交流电压和市电插座输出交流电压为例,介绍指针万用表交流电压的具体检测方法。指针万用表检测电源转换器输出交流电压的方法,如图5-5所示。

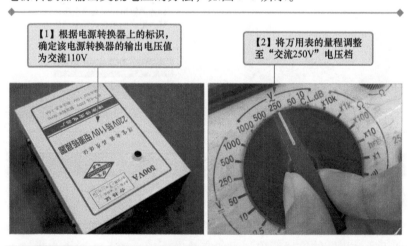

【1】根据电源转换器上的标识,确定该电源转换器的输出电压值为交流110V

【2】将万用表的量程调整至"交流250V"电压档

图5-5　指针万用表检测电源转换器输出交流电压的方法

【3】将转换器接在市电（交流220V）接线板上

【5】观察万用表表盘，读出实测数值为110V

【4】将万用表的红、黑表笔分别搭在电源转换器的输出端

图5-5　指针万用表检测电源转换器输出交流电压的方法（续）

指针万用表检测市电插座输出交流电压的方法，如图5-6所示。

【1】按下插座电源开关

【3】将万用表的红、黑表笔分别插入市电插座中

交流220V市电插座

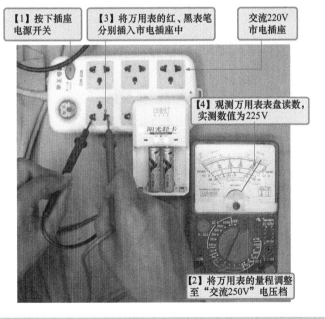

【4】观测万用表表盘读数，实测数值为225V

【2】将万用表的量程调整至"交流250V"电压档

图5-6　指针万用表检测市电插座输出交流电压的方法

5.2　数字万用表检测电压的方法

5.2.1　数字万用表检测直流电压的方法

数字万用表检测直流电压时，根据实际电路选择合适的直流电压量程，然后将万用表的黑表笔接电源（或负载）的负极，红表笔接电源（或负载）的正极，如图5-7所示。此时，即可通过显示屏读出测量的直流电压值。

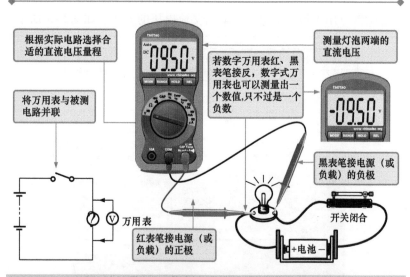

根据实际电路选择合适的直流电压量程

将万用表与被测电路并联

测量灯泡两端的直流电压

若数字万用表红、黑表笔接反，数字式万用表也可以测量出一个数值，只不过是一个负数

黑表笔接电源（或负载）的负极

红表笔接电源（或负载）的正极

开关闭合

万用表

图5-7　数字万用表测直流电压

下面我们以检测手机电池和电源适配器输出的直流电压为例，介绍指针万用表直流电压的具体检测方法。数字万用表检测手机电池输出直流电压的方法，如图5-8所示。

【1】根据手机电池上的标识信息，确定手机电池的额定电压为3.7V

【2】将万用表的量程调整至电压档

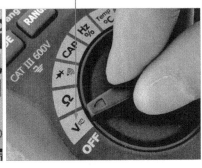

【3】在电池上接一只82Ω/3W左右的电阻作为负载

【4】将万用表的黑表笔搭在手机电池的负极

【6】观察万用表表盘，读出实测数值为3.66V

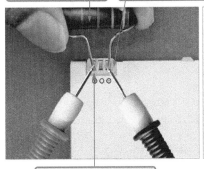

【5】将万用表的红表笔搭在手机电池的正极

若检测结果存在偏差，则说明手机电池性能不良

图5-8　数字万用表检测手机电池输出直流电压的方法

🔍 **提示**

　　一般情况下，手机电池也好，还是我们常用的5号、7号干电池，用万用表直接进行测量时，不论电池电量是否充足，测得的值都会与它的额定电压值基本相同，也就是说测量电池空载时的电压不能判断电池的电量情况。电池电量耗尽，主要的表现是电

池内阻增加，而当接上负载电阻后，会有一个电压降。例如，一节5号干电池，电池空载时的电压为1.5V，但接上负载电阻后，电压降为0.5V，表明电池电量几乎耗尽。

数字万用表检测电源适配器输出直流电压的方法，如图5-9所示。

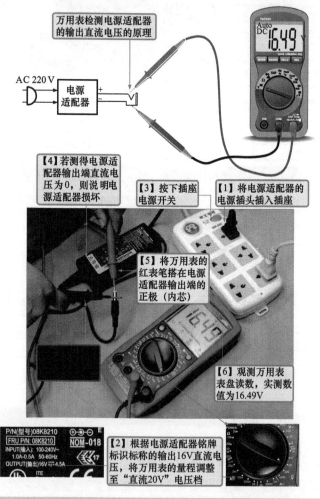

图5-9 数字万用表检测电源适配器输出直流电压的方法

提示

　　当我们测量未知直流电压时，测量的工作会有一定的难度。这个时候我们可以将万用表的电压量程调至最大，再进行测量，然后根据每一次的测量结果相应地调整电压量程，直到测量出最准确的电压值为止。这样就可以避免因被测电压超过了万用表的量程，而对万用表造成一定的损害。

5.2.2　数字万用表检测交流电压的方法

数字万用表检测交流电压时，根据实际电路选择合适的交流电压量程，然后将万用表的红、黑表笔并联接入被测电路中，此时，即可通过显示屏读出测量的交流电压值。数字万用表交流电压的检测方法及连接，如图5-10所示。

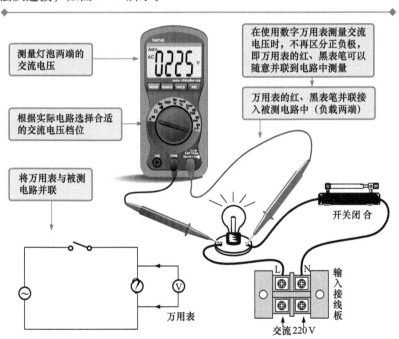

图5-10　数字万用表交流电压的检测方法及连接

　　下面我们以检测电磁炉电源变压器输入、输出的交流电压和市电插座输出的交流电压为例，介绍数字万用表交流电压的具体检测方法。

　　数字万用表检测电磁炉电源变压器的输入、输出交流电压的方法，如图5-11所示。

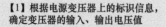

【1】根据电源变压器上的标识信息，确定变压器的输入、输出电压值

2组交流输出：
蓝色线为16V；黄色线为22V

WDB48-1]
ES-48-682
INPUT: 220V 50Hz(RED)
OUTPUT: BLUE 16V YELLOW 22V
DA ZHONG ELECTRONIC CO.,LTD
TEL:86-769-2630565

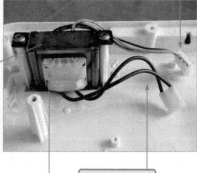

220V交流输入

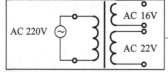

AC 220V　　AC 16V　　AC 22V

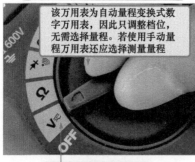

该万用表为自动量程变换式数字万用表，因此只调整档位，无需选择量程。若使用手动量程万用表还应选择测量量程

【2】将万用表的量程调整至电压档

【3】按下"模式按钮"将万用表调至交流测量模式

图5-11　数字万用表检测电磁炉电源变压器的输入、输出交流电压的方法

【4】将电磁炉通电，万用表的红、黑表笔分别搭在电源变压器的交流输入引脚上

【5】观察万用表表盘，读出实测数值为AC220.3V

【6】接着将万用表的红、黑表笔分别搭在电源变压器的交流输出蓝色引线引脚上

【7】观察万用表表盘，读出实测数值为AC16.1V

【8】最后将万用表的红、黑表笔分别搭在电源变压器的交流输出黄色引线引脚上

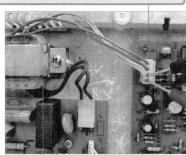

【9】观察万用表表盘，读出实测数值为AC22.4V

通过万用表检测电源变压器输入、输出交流电压的方法即可判断电源变压器的好坏。若电源变压器输入正常，而无输出即说明电源变压器损坏

图5-11　数字万用表检测电磁炉电源变压器的输入、输出交流电压的方法（续）

　　数字万用表检测市电插座的输出交流电压的方法，如图 5-12 所示。

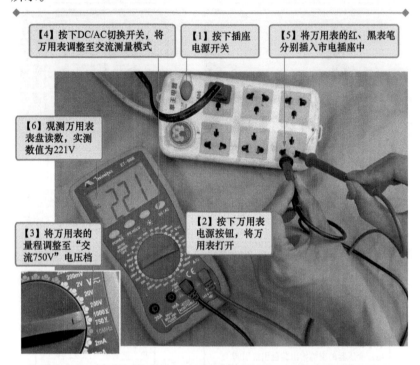

图 5-12 　数字万用表检测市电插座的输出交流电压的方法

扩展

　　测量未知交流电压时，应将万用表的电压量程调至最大，再进行测量，然后根据测量结果相应地调整电压量程，但在测量过程中，严禁在测量较高电压（如交流 220 V）或较大电流（如 0.5 A 以上）时拨动量程选择开关，以免产生电弧，烧坏万用表内开关的触点。

　　当被测电压高于 100 V 时要注意安全，应当养成单手操作的习惯。可以预先把一支表笔固定在被测电路的公共地端，再拿另一支表笔去碰触测试点，这样可以避免因看读数时不小心触电。

第6章
万用表检测元器件的应用训练

6.1　万用表检测常用电子元件的应用训练

6.1.1　万用表检测电阻的训练

万用表是包含有伏特计、安培表和欧姆表等功能的测量仪器，因此万用表拥有与欧姆表一样的测量电路中电阻的功能。电阻的单位为欧姆，用字母 Ω 表示，如果测量的电阻大于 1000 Ω 时，可以使用 kΩ 单位或是 MΩ 单位，它们的关系为 1 MΩ = 10^3 kΩ = 10^6 Ω。

在实际应用中，需要使用万用表检测的电阻器的种类很多。根据其功能和应用领域的不同，主要可分为固定电阻器和可变电阻器。其中可变电阻器又可分为可调电阻器和敏感电阻器两种类型。如图 6-1

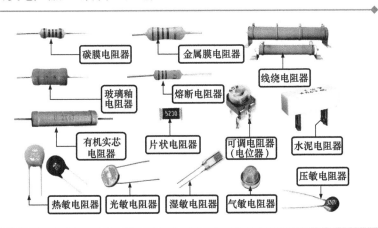

图 6-1　几种常用电阻器的实物外形

所示为几种常见电阻器的实物外形。由于电阻器的外形结构和功能不同，在使用万用表对其进行检测时，其检测方法和判断结果也略有不同。下面以典型的电阻器为例，详细讲解万用表检测电阻器的方法。

在学习使用万用表检测电阻器之前，要首先了解电阻器标称值的识读。电阻器的标称值通常以两种方式标注在电阻器上：一是直接标注法，二是色环标注法。色环标注法是将电阻器的参数用不同颜色的色环标注在电阻表面，常见的有四环标注法和五环标注法两种，如图6-2所示。

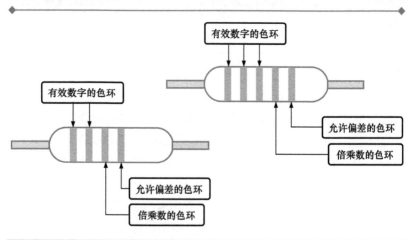

图6-2　四环标注法和五环标注法

通常情况下可以通过万用表检测电阻器值的方法来判断电阻器的性能是否良好，下面介绍使用指针万用表和数字万用表检测电阻器的方法。

1. 使用指针万用表检测电阻器

由于电阻器的外形结构和功能不同，在使用指针万用表对其进行检测时，其检测方法和判断结果也略有不同。下面就以"红、红、黑、黑、棕"色环标记的电阻器为例，根据电阻器上的色环读取电阻器的标称阻值，如图6-3所示。该电阻器的标称阻值为220Ω，允许偏差为±1%。

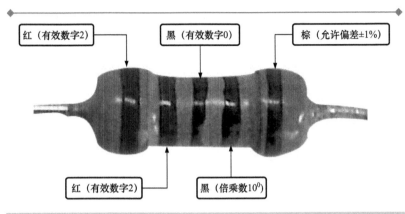

红（有效数字2）　　　黑（有效数字0）　　　棕（允许偏差±1%）

红（有效数字2）　　　黑（倍乘数10^0）

图6-3　读取电阻器标称阻值

色环电阻器的最后一环为允许偏差，倒数第二环为倍乘数，其余为有效数字。表6-1为色环电阻器色标法的含义表，通过此表可以读取色环电阻器各色环所代表的含义。

表6-1　色环电阻器色标法的含义表

色环颜色	色环所处的排列位		
	有效数字	倍乘数	允许偏差（％）
银色	—	10^{-2}	±10
金色	—	10^{-1}	±5
黑色	0	10^0	—
棕色	1	10^1	±1
红色	2	10^2	±2
橙色	3	10^3	—
黄色	4	10^4	—
绿色	5	10^5	±0.5
蓝色	6	10^6	±0.25
紫色	7	10^7	±0.1
灰色	8	10^8	—
白色	9	10^9	—
无色	—	—	±20

？ 提示

在读取色环电阻器时，可以遵循四个原则：

（1）通过允许偏差色环识别

色环电阻器常见的允许偏差色环有金色和银色，而有效数字不能为金色或银色，因此色环电阻器的一端出现金色或银色环，一定是表示允许偏差。读取有效数字应当从另一端读取。

（2）通过色环位置识别

通常，色环电阻器有效数字端的第一环与电阻器导线间的距离较近，允许偏差端的第一环与电阻器导线间的距离较远。

（3）通过色环间距识别

当色环电阻器两端的第一环距离导线距离相似时，需要通过色环近距来判断。通常代表有效数字的色环间距较窄，有效数字与倍乘数、倍乘数与允许偏差之间的色环间距较宽。

（4）通过电阻值与允许偏差的常识识别

目前市场上大多数电阻器的允许偏差在5%或10%，允许偏差过大或过小的电阻器很少。

图6-4是以色环电阻器为例介绍万用表检测电阻器的方法：

①使用指针万用表对其进行检测，首先将指针万用表的开关打开。将指针万用表设置至欧姆档，根据该电阻器的阻值220 kΩ，将指针万用表调到"×10 k"档位，如图6-4（a）所示。用指针万用表检测，还需要执行欧姆调零校正这一关键步骤，方法如图6-4（b）所示。

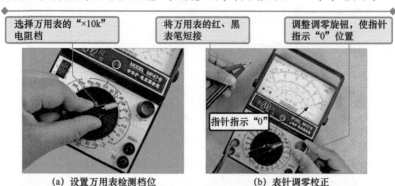

（a）设置万用表检测档位　　　　　　　（b）表针调零校正

图6-4　万用表检测色环电阻器

② 将万用表的红、黑表笔分别搭在电阻器两端的引脚上，观察万用表指针指示的电阻值的变化，图 6-5 为检测电阻器实际电阻的示意图，测出的正常值为 $22 \times 10 \text{ k}\Omega = 220 \text{k}\Omega$。

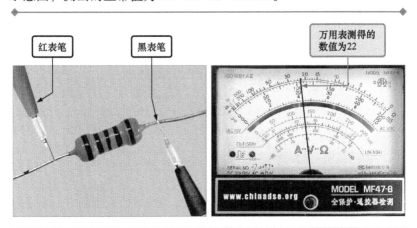

图 6-5　检测电阻器实际电阻示意图

 提示

若电阻自身的标称阻值与万用表读取的阻值相等或十分接近，则该电阻器正常；若两者之间出现较大偏差，则该电阻器不良；当万用表电阻值接近 0 Ω，说明该电阻器内部短路。

2. 使用数字万用表测量电阻器

在路测量方法无须将元器件从电路板上卸下，可使用万用表直接对电路板上的元器件进行检测。这种检测方法操作较为简便，但有时会因电路中其他元器件的干扰，而造成测量值的偏差。因此，在使用在路检测时一定要考虑电路对元器件的干扰。

（1）将电路板的电源断开，以确保检测时的安全。

（2）对电阻器进行观察，查看待测电阻器是否损坏，确保无烧焦、引脚断裂、引脚铜箔线断路或虚焊等情况。

（3）将万用表的档位调整至电阻档。根据待测电阻的表面标识调整档位，选择正确的量程。如图 6-6 所示，"R88"电阻即为当前待测电阻，可以看到该电阻是采用色标法进行标识的。通过标识，得知该电阻的标称阻值为"62 Ω"，允许偏差为"±5%"。

蓝　红　黑　金

图6-6　检测"R88"的电阻

（4）将万用表调至"200"档。万用表的红、黑表笔分别搭在电阻两端引脚处，观察万用表，记录第一次测量值 R_1，如图6-7所示。

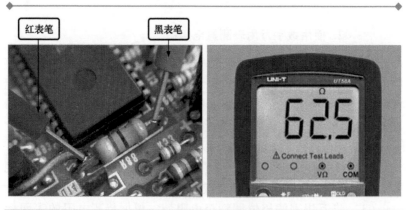

红表笔　　　　黑表笔

图6-7　第一次的测量值 R_1

（5）将红、黑表笔互换位置，再次测量，记录第二次测量的值 R_2，这样做的目的是排除外电路板中晶体管 PN 结正向电阻对待测电阻阻值的影响，如图6-8所示。

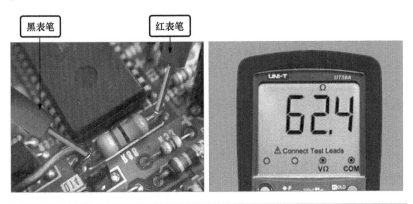

图6-8 第二次的测量值 R_2

（6）比较两次测量的阻值，取较大的值作为参考值 R，根据所测得的电阻值判断检测结果。

若 R 等于或十分接近被测电阻的标称阻值，可以断定该电阻正常；

若 R 大于被测电阻的标称阻值，可以断定该电阻损坏；

若 R 远小于标称阻值（即有一定阻值），此时并不能确定该电阻损坏，有可能是由于电路中并联有其他小阻值电阻而造成的，这时需要采用脱开电路板检测的方法进一步检测证实。

> **提示**
>
> 若电阻自身的标称阻值与万用表读出的阻值相等或十分接近，则该电阻器正常；若两者之间出现较大偏差，则该电阻器不良；当万用表电阻值接近 0 Ω，说明该电阻器内部短路。

扩展

　　无论是使用指针万用表还是数字万用表，在设置量程时要尽量选择与测量值相近的量程以保证测量值的准确。如果设置范围与待测值之间相差过大，则不容易测出准确值。这时要特别注意。

　　用电烙铁将电阻一端引脚焊下，脱开电路板，然后再测量，与检测未安装的电阻方法相同，如图6-9所示。

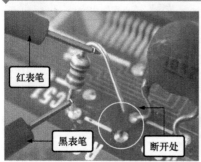

图6-9　焊下电阻的一端引脚脱开电路板进行测量

　　电阻器中的压敏电阻器、热敏电阻器、湿敏电阻器、光敏电阻器、气敏电阻器等，其阻值会随着环境的变化而变化。如检测湿敏电阻器，可以先检测其电阻值，再给湿敏电阻器增加湿度来检测其电阻值是否有变化，若阻值没有变化则说明该湿敏电阻器损坏。

6.1.2　万用表检测电容的训练

　　在电容器的生产、检验过程中，大都使用万用表进行定量的检测。而在电子产品中对电容器的检测常常用于判别其是否变质或损坏。电容器的种类繁多，几乎所有的电子产品中都有电容器。图6-10为几种常见电容器的实物外形。

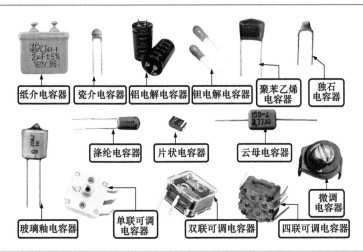

图6-10　常见电容器的实物外形

 1. 使用指针万用表测量电容器

可以使用指针万用表的电阻档检测电容器的好坏。通常情况下检测电容器既可以采用在路检测法，也可以采用开路检测法。

（1）在路检测电容器

电解电容的在路检测就是直接在电路中通过指针万用表的电压挡对待测电容进行检测。图6-11所示为数码相机中的闪光灯充电电容器。

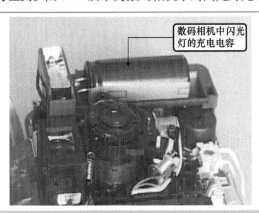

图6-11　数码相机中的闪光灯充电电容

① 首先对电容器进行观察，看待测电容器是否损坏，确保无烧焦、无引脚断裂、无引脚铜箔线开路或虚焊等情况。

② 将指针万用表的档位调至"直流电压"档，并进行机械调整。由于待测电解电容器是为闪光灯充电用的，其电压有可能达到200多伏，因此需要将电压量程设置为250 V，如图6-12所示。

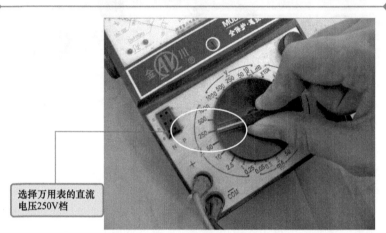

选择万用表的直流电压250V档

图6-12 将电压量程设置为250V

③ 在通电状态下，用万用表的两个表笔分别搭在电解电容的两个引脚，此时即可测得待测直流电压值，记为 U_1，如图6-13所示。

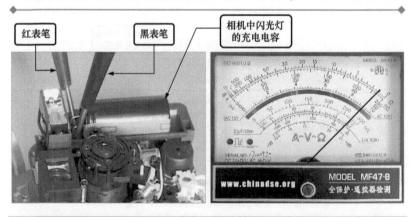

红表笔 黑表笔 相机中闪光灯的充电电容

图6-13 测量闪光灯的充电电容

　　若检测时所测得的电压值 U_1 很小或趋近于 0 V，则可以断定该电解电容已被击穿。

> **提示**
>
> 　　由于是通电检测，因此用表笔检测时一定要小心，以免因操作不慎而造成电子元器件的短路或损坏；并且在检测前一定要确认万用表的量程及直流电压档位已设置正确。

　　④检测完毕后，切掉电源。将一阻值较小的电阻器与该电解电容串联，即实现该电解电容器的放电，具体操作如图 6-14 所示。

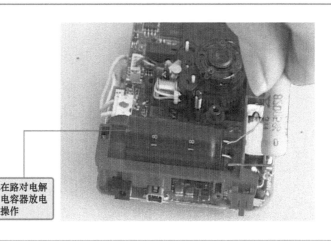

在路对电解电容器放电操作

图6-14　对电解电容器放电

> **提示**
>
> 　　在对电解电容进行放电时，尽量不要采用直接将电解电容两引脚短路的方法，因为这样会造成较大的冲击电流而出现打火现象，如图 6－15 所示。这对人及电解电容器都会有不好的影响。

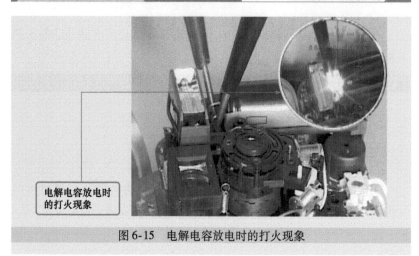

图 6-15　电解电容放电时的打火现象

⑤ 放电完成后，在不通电的情况下，再次使用万用表的直流电压档对该电解电容进行电压测量。如图 6-16 所示，此时万用表所指示的电压为 0 V，表明该电解电容已成功放电。

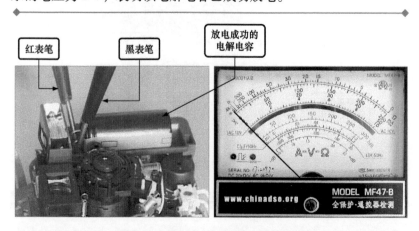

图 6-16　放电后再次测量电解电容器

⑥ 然后再进行通电检测，仍然使用直流电压档，若测得当前电压值与先前第一次通电检测时的电压值相等或相近，则说明该电解电容工作基本正常。如果需要对电解电容的具体性能进行进一步判别，最好采用开路检测法。

（2）开路检测电容器

电解电容常见的故障有击穿短路、漏电、容量减小或消失等。通常可用在开路状态下检测电解电容器的阻值来判别其性能的好坏。

① 电解电容属于有极性电容，其引脚有极性之分，从电解电容的外观上即可判断。图 6-17 所示为电子产品中最为常见的电解电容的实物外形。一般电解电容的正极引脚相对较长，负极引脚相对较短，并且在电解电容的表面上也会标识出引脚的极性。可以看到该电解电容的一侧标记为"－"，则表示这一侧的引脚极性即为负极，而另一侧引脚则为正极。

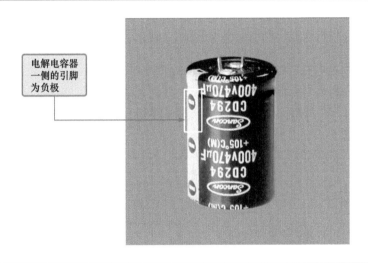

图 6-17　电解电容实物外形

② 对电解电容进行检测之前，要对待测电解电容进行放电。因为容量较大的电容器被充高压电后，不容易放掉，为了避免电解电容中存有残留电荷而影响检测的结果，需要对其进行放电操作。对电解电容放电可选用阻值较小的电阻（800 Ω/3 W 左右），将电阻的引脚与电容的引脚相连即可，如图 6-18 所示。

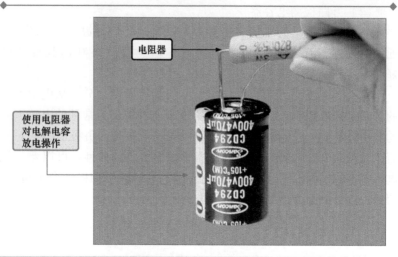

图 6-18　对电解电容器放电

　　③ 放电完成后，将指针万用表设置成电阻档，对电解电容的检测时的量程，可选"R×10 k"档，并进行欧姆调零。将黑表笔（接万用表正极）接至电解电容的正极引脚上，红表笔（接万用表负极）接至电解电容的负极引脚上（用数字万用表时，接法相反），观察万用表的读数，如图 6-19 所示。

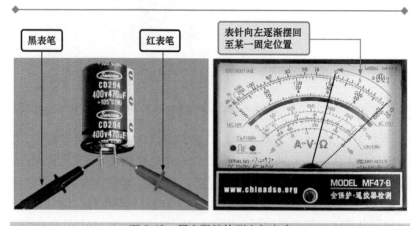

图 6-19　用电阻档检测电解电容

若在刚接通的瞬间，万用表的指针向右（电阻小的方向）摆动一个较大的角度（2 μF以上较明显）。当表针摆动到最大角度后，接着又会逐渐向左摆回，然后表针停止在一个固定位置，这说明该电解电容有明显的充放电过程。所测得的阻值即为该电解电容的正向漏电阻，该阻值在正常情况下应比较大。

若表笔接触到电解电容引脚后，表针摆动到一个角度后随即向回稍微摆动一点，即并未摆回到较大的阻值，此时说明该电解电容漏电严重。换句话说，表针达到最大摆动幅度与最终停止时的角度越小，则电解电容的漏电情况越严重。

若表笔接触到电解电容引脚后，表针即向右（电阻小的方向）摆动，并无回摆现象，指针指示一个很小的阻值或阻值趋近于0，这说明当前所测电解电容已被击穿短路。

若表笔接触到电解电容引脚后，表针并未摆动，仍指示阻值很大或趋于无穷大，则说明该电解电容中的电解质已干涸，失去电容量。

提示

　　电解电容器的测试要点：通过观察指针摆动的情况，可以判断出电解电容的电容量。若表笔刚接触引脚时，表针摆动幅度越大且摆回的速度越慢，则说明电解电容的电容量越大，反之则说明电容的电容量越小。

2. 使用数字万用表检测电容器

利用数字万用表的蜂鸣器档（晶体二极管档），可以快速检查电解电容器的质量好坏。当被测线路的电阻小于某一数值（通常为几十欧），蜂鸣器即发出振荡声。

（1）将万用表的红表笔接待测电解电容的正极，黑表笔接负极，此时应能听到一阵短促的蜂鸣声，随即声音停止，同时显示溢出符号"1"，如图6-20所示。这是因为刚开始对电解电容充电时充电电流较大，相当于通路，所以蜂鸣器发声。随着电容器两端电压不断升高，充电电流迅速减小，蜂鸣器停止发声。

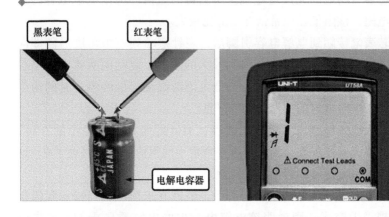

图6-20 用数字万用表检测电解电容器

（2）根据测量结构进行判断：如果蜂鸣器一直发声，说明电解电容器内部短路。

电解电容器的容量愈大，蜂鸣器响的时间愈长。试验表明，测量100~2000 μF电解电容器时，响声持续时间为零点几秒至几秒，低于4.7 μF的电容器就听不到响声了。

如果被测量电容器已经充好电，测量时则听不到响声。这时可先把电容器短路放电，再进行测量。

6.1.3 万用表检测电感器的训练

电感元件是一种储能元件，它可以把电能转换成磁能并储存起来，是电子产品中最基本、最常用的电子元件之一。电感元件的种类繁多，分类方式也多种多样，如图6-21所示为几种常见电感器的实物外形。

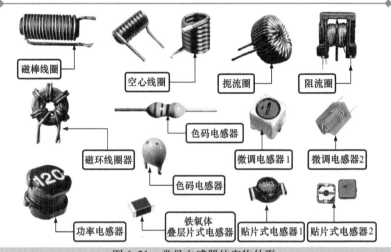

图6-21　常见电感器的实物外形

1. 使用指针万用表检测电感器

电感线圈的检测是检查电感线圈的通断情况。主要通过万用表电阻档检测电感线圈的电阻。为了准确，通常采用开路法进行检测。若测得的结果等于或十分接近标称值，可以初步断定该电感器基本正常。

（1）将待测色码电感器从电路板上卸下，并清洁两端引脚，以确保测量的准确性。图6-22所示，为色环标识为"棕、黑、棕、银"的色码电感器，通过色环标识得知，该色码电感器的标称值为"100 μH"，允许偏差为"±10%"。

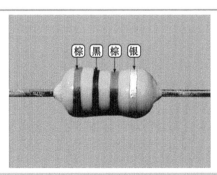

图6-22　色码电感器

（2）将指针万用表扳至电阻档"R×1"，并进行欧姆调零。

将指针式万用表的红、黑表笔分别搭在色码电感器的两端引脚上，如图6-23所示，观察指针万用表，此时，即会测得当前电感器的阻值。在正常情况下，电感器应能够测得一个固定的阻值。

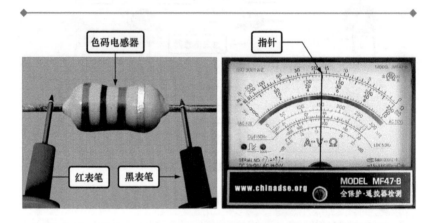

图6-23　用电阻档检测电感器

当被测电感器的阻值趋向于0 Ω时，则表明该电感器内部存在短路的故障，如果被测电感器的阻值趋于无穷大，可选择最高阻值量程继续检测，若阻值仍趋于无穷大，则表明被测电感器已损坏。

提示

使用指针万用表只能通过对电感器阻值的测量来初步判断电感的好坏。如果需要对电感量及线圈品质因数 Q 的测量，则需要使用专门的测量仪器。

使用电感测量仪可以方便地完成对电感量及品质因数 Q 的测量，将测量值与待测电感器的标称值进行比较，即可检测出电感器性能的优劣。

色环电感器的标注方法和色环电阻器类似，但其所代表的数值不完全相同。色环电感的最后一环为允许偏差，倒数第二环为倍乘数，其余为有效数字。表6-2为色环电感器色标法的含义表，通过此表可以读取色环电感器各色环所代表的含义。

表6-2　色环电感器色标法的含义表

色环颜色	色 环 所 处 的 排 列 位		
	有效数字	倍乘数	允许偏差（%）
银色	—	10^{-2}	±10
金色	—	10^{-1}	±5
黑色	0	10^{0}	—
棕色	1	10^{1}	±1
红色	2	10^{2}	±2
橙色	3	10^{3}	—
黄色	4	10^{4}	—
绿色	5	10^{5}	±0.5
蓝色	6	10^{6}	±0.25
紫色	7	10^{7}	±0.1
灰色	8	10^{8}	—
白色	9	10^{9}	±5 / −20
无色			±20

2. 使用数字万用表检测电感器

经过前面对该电感器电阻值的检测，说明该电感器正常。下面学习如何使用数字万用表来检测该电感器的电感量。首先将万用表的电源开关打开，根据该电感器的电感量将万用表档位旋钮调至"2mH"档，如图6-24所示。

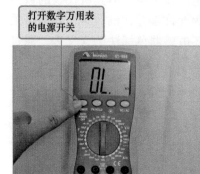

打开数字万用表
的电源开关

检测电感量时，将万用表
量程设置在"L"档

图 6-24　数字万用表检测电感器

根据该电感器的标识电感量，将万用表量程调至"2 mH"档，之后将附加测试插座插入万用表的表笔插口中，如图 6-25 所示。

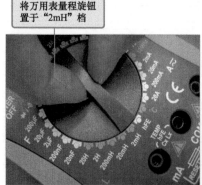

将万用表量程旋钮
置于"2mH"档

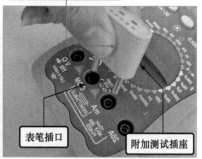

将附加测试插座插入
万用表的表笔插口中

表笔插口

附加测试插座

图 6-25　将附加测试插座插入万用表的表笔插口

将待测的四环电感器插入附加测试插座"Lx"电感量输入插孔中，对其进行检测。观测万用表显示的电感读数，测得其电感量为 0.114 mH，如图 6-26 所示。根据计算 1 mH = 1 × 10^3 μH，即 0.114 mH × 10^3 = 114 μH，与该电感器的标称值基本相符。

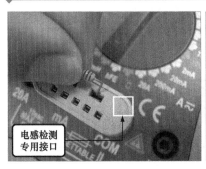
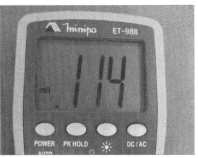

图6-26 测电感数值

若所测电感器显示的 L 值等于或十分接近标称容量，可以断定该电感器正常。

若所测电感器显示的 L 值远小于标称容量，可以断定该电感器已经损坏。

扩展

不同的数字万用表的使用方法也不太相近，读者可以根据实际情况进行具体操作。

6.2 万用表检测常用半导体器件的应用训练

6.2.1 万用表检测二极管的训练

晶体二极管（以下简称二极管）是一种常用的半导体器件，它的种类很多，根据制作半导体材料的不同，可分为锗二极管（Ge管）和硅二极管（Si 管）。根据结构的不同，可分为点接触型二极管、面接触型二极管。根据实际功能的不同，又可分为整流二极管、检波二极管、稳压二极管、开关二极管、变容二极管、发光二极管、光敏二极管等。图 6-27 所示为几种常见二极管的实物外形。

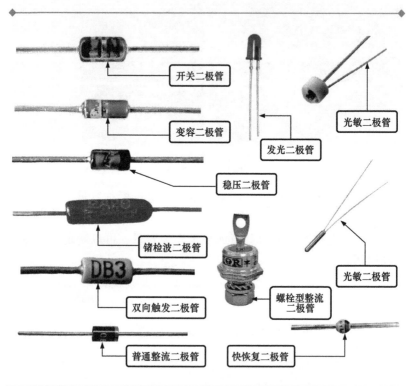

图 6-27　常见二极管的实物外形

 1. 使用指针万用表检测二极管

使用指针万用表测量二极管时，与测量电阻器一样，也是使用欧姆档来测量。

（1）在路测量二极管

对于普通二极管可以利用二极管的单向导通性对二极管的正、反阻值进行比较测量，从而判断二极管的好坏。图 6-28 所示为电路板中的 D3612 普通二极管。通过电路板背面的标识可以得知二极管的正极和负极，下面采用在路检测方法对其进行检测。

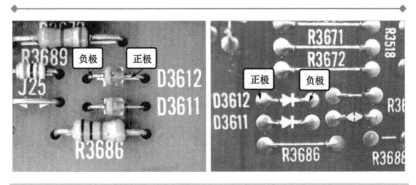

图 6-28   电路板中的 D3612 普通二极管

① 对待测普通二极管（D3612）两端的引脚进行清洁，去除表面污物，以确保测量准确。选择反应灵敏的指针万用表测量二极管可以直观的观察到二极管导通状态。将万用表设置成对二极管检测时的欧姆档量程，可选"R×1 k"档并进行调零校正。

② 将万用表的黑表笔接至二极管的正极，红表笔接至二极管的负极，如图 6-29 所示。观察万用表，此时，万用表会测到当前二极管的正向阻值约为 3 kΩ，记为 R_1。

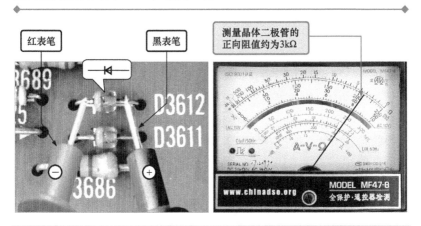

图 6-29   万用表的红、黑两只表笔与二极管的连接，测二极管的正向电阻

③ 将两表笔对换，即用黑表笔接至二极管的负极，红表笔接至二极管的正极，具体操作如图 6-30 所示。此时，万用表测得二极管

的反向阻值通常为几千欧以上，记为 R_2。

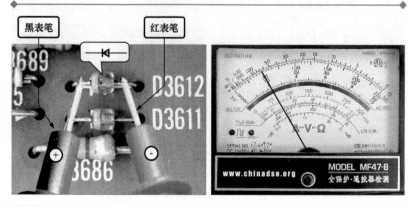

图 6-30 表笔对换测二极管的反向电阻

④ 一般来说，二极管的正、反向阻值相差悬殊。正向阻值 R_1 应为一个固定的阻值约为 3 kΩ，而反向阻值 R_2 则趋于无穷大。根据检测结果可判断二极管的性能的优劣。

若正向阻值 R_1 有一固定阻值，而反向阻值 R_2 趋于无穷大，即可判定二极管良好；

若正向阻值 R_1 和反向电阻 R_2 都趋于无穷大，则二极管存在断路故障；

若正向阻值 R_1 和反向电阻 R_2 都趋于 0，则二极管存在击穿短路；

若 R_1 和 R_2 数值都很小，可以断定该二极管已损坏；

若正向阻值 R_1 和反向电阻 R_2 所测阻值相近，此时并不能确定二极管是否损坏。因为在路检测时，二极管常常会受到电路上其他元器件的影响而无法正常测量，这时需要断开一只引脚进行单独检测。

（2）开路测量晶体二极管

开路检测方法就是单独对二极管进行检测。

① 将万用表设置成电阻档，对二极管检测时的量程，可选"R×1K"档，并进行调零校正。将红、黑表笔分别接二极管的两端引脚。若阻值为一个固定值 3 kΩ，则表明当前红表笔检测的一端为

二极管为负极，黑表笔所检测的一端为二极管的正极。若阻值趋于无穷大，则表明当前黑表笔检测的一端为二极管的负极，红表笔检测的一端为二极管的正极。

②确定了二极管的正、负极性后，再对二极管分别进行正、反向的阻值测量。图6-31为正向阻值的检测示意图，即黑表笔接二极管正极引脚，红表笔接二极管负极引脚，将所测得正向阻值记为 R_1。

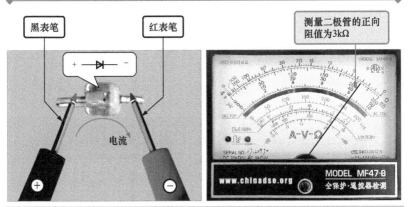

图6-31　正向阻值的检测示意图

③图6-32为反向阻值检测示意图，即黑表笔接二极管负极引脚，红表笔接二极管正极引脚，所测的反向阻值为无穷大。

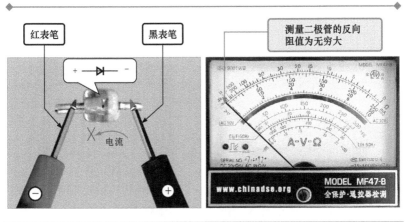

图6-32　反向阻值示意图

2. 使用数字万用表检测二极管

用数字万用表测量二极管不仅能够测量出二极管的极性，还能区分出硅管与锗管。

（1）将数字万用表设置为二极管档，其红表笔为正极性黑表笔为负极性。

（2）通过调换表笔的方法测量二极管两端引脚，确定晶体二极管的正、负极引脚，图6-33所示，分别为二极管截止与导通测量状态。

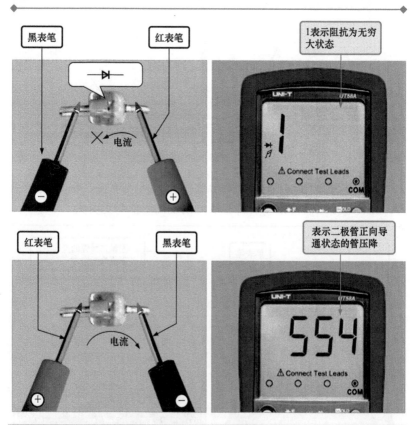

图6-33　二极管截止与导通测量状态

（3）通过上面的操作确定出二极管的正、负极引脚后，将数字万用表调至直流电压档，设置量程为"2 V"。用数字万用表测量二极管的电压降，如图6-34所示。将数字万用表的黑表笔接二极管负极引脚处，红表笔接二极管正极引脚处。此时，在数字万用表上测得二极管的正向压降记为U。

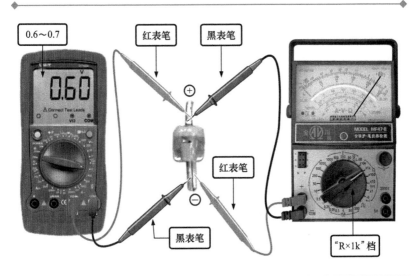

图6-34　数字万用表测二极管正向压降

若所测正向压降 U 的值为 0.1 ~ 0.3 V，说明该二极管为性能良好的锗管。

若所测正向压降 U 的值为 0.6 ~ 0.7 V，说明该二极管为性能良好的硅管。

若所测正向压降 U 与这两个规定范围相差较大，说明该二极管性能不良。

6.2.2　万用表检测晶体三极管的训练

晶体三极管为一种半导体器件，通常简称晶体管或三极管（下文简称三极管）。它是电子电路中具有放大功能的器件。三极管的种类很多，在电路中所起的作用也各不相同，图 6-35 所示为典型三极管的实物外形。

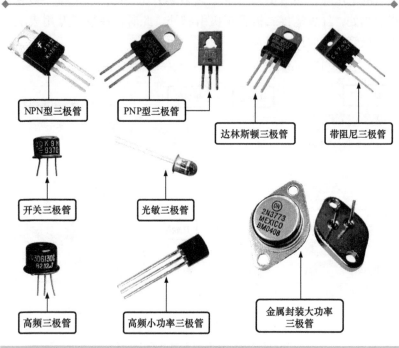

图 6-35　典型三极管的实物外形

通常使用指针万用表检测三极管的类别和极性，使用数字万用表检测三极管的放大倍数。

 1. 使用指针万用表检测三极管

（1）检测三极管的类型

从结构上说，三极管可以分为 NPN 型和 PNP 型两种。在实际电路中，检测判别待测的三极管的类型时，可以将三极管内等效为两个二极管。二极管具有单向导电性，用万用表测量正向阻抗很低，而反向阻抗为无穷大，图 6-36 所示为三极管等效电路。

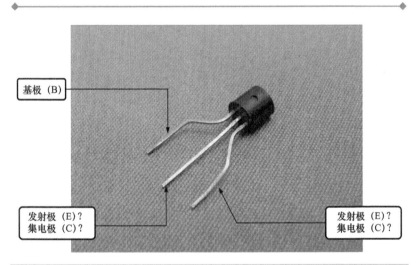

图 6-36　三极管等效电路

图 6-37 所示为待测的三极管实物外形，根据上述的等效电路也可以通过检测引脚间的正反向阻抗的规律判别出基极（B）。

图 6-37　待测的三极管实物外形

① 检测三极管时，将万用表的量程调至"R×1 k"电阻档，并进行调零校正。将万用表黑表笔搭在三极管基极，红表笔搭在三极管右侧的引脚上。观测万用表显示的读数，所测得电阻值为 8 kΩ，如图 6-38 所示。

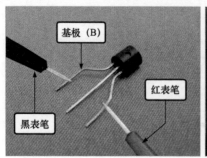

图 6-38　判断三极管类型（一）

② 然后再将万用表红表笔移到三极管中间的引脚上。观测万用表显示的读数，所测电阻值为 9.5 kΩ，如图 6-39 所示。

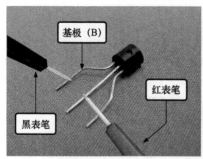

图 6-39　判断三极管类型（二）

若黑表笔接基极，红表笔接集电极和发射极测得正向阻抗，则被测三极管是 NPN 型；

若红表笔接基极，黑表笔接集电极或发射极测得正向阻抗，则被测最晶体三极管为 PNP 型管。

（2）检测 NPN 三极管的引脚极性

①用万用表检测 NPN 三极管的引脚极性之前仍选择 "R×1k" 欧姆档，并假设待测 NPN 三极管的左侧引脚为基极。将万用表的黑表笔搭在 NPN 三极管的基极引脚上，红表笔搭在 NPN 三极管的中间引脚上。观测万用表显示的读数，所测得的电阻值为 8.5 kΩ，

如图 6-40 所示。

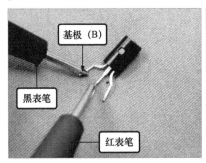

图 6-40　判断 NPN 三极管的引脚极性（一）

② 保持黑表笔搭在三极管基极引脚上不动，红表笔搭在 NPN 三极管的右侧引脚上。观测万用表显示读数，测得的电阻值也为 8.5kΩ，如图 6-41 所示。经检测两组电阻值均为正向低阻值，因此可判断黑表笔所接引脚为基极。

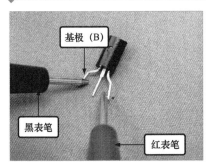

图 6-41　判断 NPN 三极管的引脚极性（二）

③将万用表量程调整为 "R×10 k" 电阻档，并进行欧姆调零操作。在确定三极管的基极后，需对另外两个引脚进行判断。

将红表笔搭在三极管中间引脚上，黑表笔搭在右侧引脚上。之后用手接触位于左侧的基极引脚和黑表笔所接引脚，此时相当于给该极和基极之间加一电阻，便有微小基极电流通过手指流入。有基极电流会引起集电极与发射极之间电流的变化（放大），观测万用表的表盘指针会出现摆动，记下偏摆量为 R_1，如图 6-42 所示。

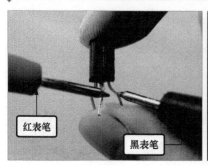

图 6-42 判断 NPN 三极管的引脚极性（三）

④ 调换一下红、黑表笔，用手接触位于左侧的基极引脚和黑表笔所接引脚，此时相当于给基极加一电阻，便有微小基极电流通过手指流入。观测万用表的表盘指针会出现摆动，记下偏摆量为 R_2，如图 6-43 所示。

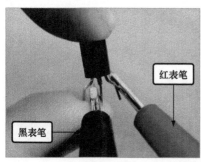

图 6-43 判断 NPN 三极管的引脚极性（四）

对上面两次检测时万用表产生的偏摆量进行比较，实际上是放大量的比较，经比较发现偏摆量 $R_2 > R_1$，则判断检测 R_2 时，黑表笔所接的引脚为集电极（C），红表笔所接的引脚则为发射极（E）。

2. 使用数字万用表检测三极管

三极管的主要功能是具有对电流放大的作用，其放大倍数可通

过数字万用表的三极管放大倍数检测插孔进行检测，图 6-44 所示为
两种不同样式的数字万用表三极管放大倍数检测插孔的外形。

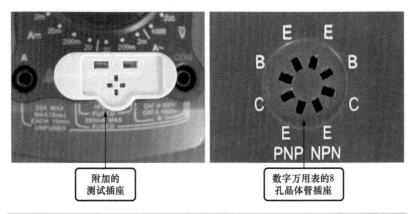

图 6-44　三极管放大倍数检测插孔的外形

（1）使用数字万用表进行测量时，首先打开其电源开关并将量
程调至专用于检测三极管放大倍数的 "h_{FE}" 档。将数字万用表附加
的测试插座插入表笔的插孔中，如图 6-45 所示。

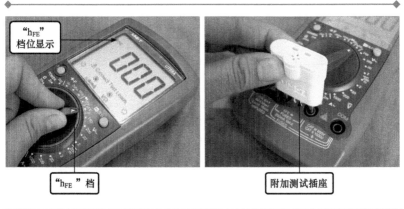

图 6-45　将数字万用表附加的测试插座插入表笔的插孔中

（2）待测的 NPN 型三极管插入 "NPN" 输入插孔，插入时应注
意引脚的插入方向。观察万用表的读数，得到三极管的放大倍数为

354 倍，如图 6-46 所示。

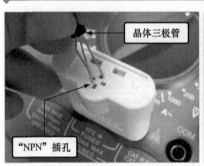

图 6-46　读取三极管的放大倍数

6.2.3　万用表检测场效应晶体管的训练

场效应晶体管（Field-Effect Transistor，FET，简称场效应管）也是一种具有 PN 结结构的半导体器件，它与普通三极管的不同之处在于它是电压控制器件。场效应管按其结构不同分为绝缘栅型场效应管和结型场效应管；按其工作状态可分为增强型和耗尽型两种。每种类型按其导电沟道不同又分为 N 沟道和 P 沟道两种，如图 6-47 所示。

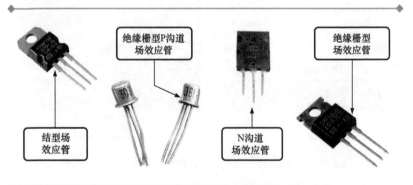

图 6-47　场效应管的种类

在使用万用表检测场效应管时，数字万用表和指针万用表是一样的，下面，以数字万用表为例介绍典型场效应管的检测方法。

（1）首先，将万用表旋至欧姆档，量程为"R×10"欧姆档，将万用表两表笔短接，调整调零旋钮使指针指示为0，将万用表的黑表笔搭在场效应管的栅极引脚上，红表笔搭在源极引脚上。观测万用表显示读数，测得电阻值即为 R_1，其电阻值为 170 Ω，如图 6-48 所示。

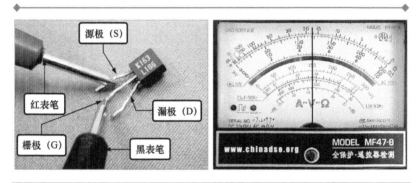

图 6-48　检测场效应管（一）

（2）将万用表的黑表笔搭在场效应管的栅极引脚上，红表笔搭在漏极引脚上。观测万用表读数，测得电阻值即为 R_2，其电阻值为 170Ω，如图 6-49 所示。

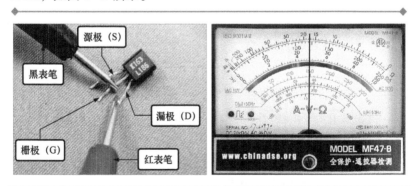

图 6-49　检测场效应管（二）

（3）将万用表量程调整为"R×1k"档，再次进行欧姆调零。

再将万用表的黑表笔搭在场效应管的漏极引脚上，红表笔搭在源极引脚上。测得电阻值即为 R_3，其电阻值为 5 kΩ，如图 6-50 所示。

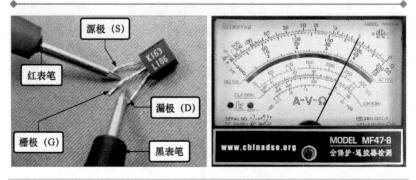

图 6-50　检测场效应管（三）

（4）保持表笔不动，用一只螺丝刀或手指接触场效应管的栅极引脚上。在接触的瞬间可以看到，万用表的指针会产生一个较大的变化（向左或向右均可），如图 6-51 所示。

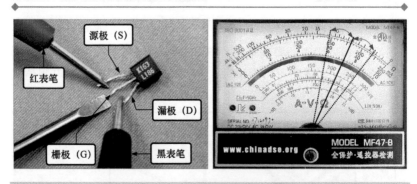

图 6-51　检测场效应管（四）

若测得 R_1 和 R_2 均有一个固定值，反向阻值均为无穷大，则说明该场效应管良好。

若测得 R_1 和 R_2 为零或无穷大，则说明该场效应管已损坏。

若测得的漏极（D）与源极（S）之间的正、反向阻值均有一个固定值，则说明该场效应管良好。

若测得的漏极（D）与源极（S）之间的正、反向阻值为零或无穷大，则说明该场效应管已损坏。

当红表笔搭在场效应管的漏极上，黑表笔搭在源极上，螺丝刀搭在栅极处，万用表指针摆动幅度越大，说明场效应管的放大能力越好，反之，则表明场效应管放大能力越差。**若螺丝刀接触栅极时，万用表指针无摆动，则表明场效应管已失去放大能力。**

判断场效应管的引脚极性时，首先将万用表旋至电阻档，量程调整为"R×10"，并进行欧姆调零。用万用表的红表笔和黑表笔分别检测场效应管三个引脚间的正向和反向阻值（以检测左侧两引脚为例）。观测万用表显示的读数，将所测得电阻值记为 R_1，其电阻值为170Ω，如图6-52所示。

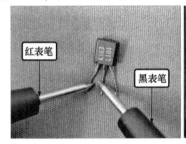

图6-52　检测场效应管左侧两引脚电阻值

保持黑表笔不动，红表笔接另一只引脚。观测万用表显示的读数，将所测的电阻值记为 R_2，其电阻值为170Ω，如图6-53所示。

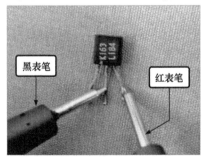

图6-53　检测场效应管右侧两引脚电阻值

对所有引脚检测后，若其中的两个引脚间的正向和反向阻值相近或相等，则表明当前表笔所测的为漏极（D）和源极（S）（有些场效应管的漏极和源极可以互换使用），而余下的一脚则为场效应管的栅极（G）。

6.2.4　万用表检测晶闸管的训练

晶闸管（曾称可控硅）是一种可控整流器件，它有单向和双向两种结构，主要用做可控开关使用。图 6-54 所示为几种常见晶闸管的实物外形。

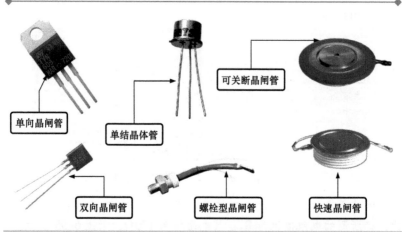

图 6-54　常见晶闸管的实物外形

在使用万用表检测晶闸管时，数字万用表和指针万用表是一样的，下面以数字万用表为例介绍典型晶闸管的检测方法。

单向晶闸管（SCR）是 P-N-P-N 4 层三个 PN 结组成的。在检测单向晶闸管时，需要先辨认晶闸管各引脚的极性。

（1）将万用表旋至电阻档，量程调整为"R×1k"并进行欧姆调零。将万用表的黑表笔搭在控制极（G）引脚上，红表笔搭在阴极（K）引脚上，检测晶闸管控制极与阴极之间的正向阻值。观测万用表显示的读数，将所测的电阻值记为 R_1，其电阻值为 8 kΩ，如

图 6-55 所示。

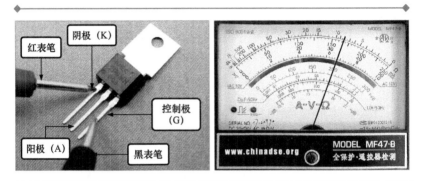

图 6-55　检测单向晶闸管（一）

调换表笔，将万用表的红表笔搭在控制极引脚上，黑表笔搭在阴极引脚上，检测晶闸管控制极与阴极之间的反向阻值，测得电阻值记为 R_2，其电阻值趋于无穷大。

（2）将万用表的黑表笔搭在晶闸管的控制极引脚上，红表笔搭在阳极引脚上，检测晶闸管控制极与阳极之间的正向阻值。观测万用表显示的读数，将所测得电阻值记为 R_3，其电阻值为无穷大，如图 6-56 所示。

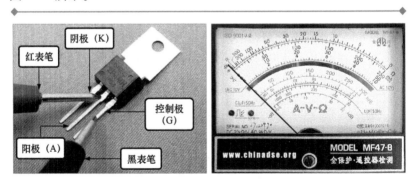

图 6-56　检测单向晶闸管（二）

调换表笔，检测晶闸管控制极与阳极之间的反向阻值，测得电阻值记为 R_4，其电阻值趋于无穷大。

（3）将万用表的黑表笔搭在晶闸管的阳极引脚上，红表笔搭在阴极引脚上，检测晶闸管阳极与阴极之间的正向阻值。将所测得电阻值记为 R_5，其电阻值趋于无穷大，如图 6-57 所示。

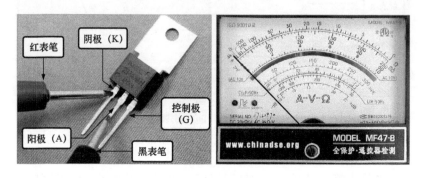

图 6-57　检测单向晶闸管（三）

（4）**调换表笔**，检测晶闸管阳极与阴极之间的反向阻值，测得电阻值记为 R_6，其电阻值趋于无穷大。

正常情况下，单向晶闸管的控制极（G）与阴极（K）之间的正向阻值有一定的值，约为几千欧姆，反向阻值为无穷大，其余引脚间的正、反向阻值均趋于无穷大；

若 R_1、R_2 均趋于无穷大，则说明单向晶闸管的控制极（G）与阴极（K）之间存在开路现象；

若 R_1、R_2 均趋于 0，则说明单向晶闸管的控制极（G）与阴极（K）之间存在短路现象；

若 R_1、R_2 阻值相等或接近，则说明单向晶闸管的控制极（G）与阴极（K）之间的 PN 结已失去控制功能；

若 R_3、R_4 的电阻值较小，则说明单向晶闸管的控制极（G）与阳极（A）之间的 PN 结中有变质的情况，不能使用。

若 R_5、R_6 值不为无穷大，则说明单向晶闸管有故障存在。

双向晶闸管曾称双向可控硅，属于 N－P－N－P－N 5 层半导体器件，有第一电极（T_1）、第二电极（T_2）、控制极（G）3 个电极，在结构上相当于两个单向晶闸管反极性并联。

扩展

使用万用表检测晶闸管，除了单向晶闸管，还有双向晶闸管，其检测方法是有所差异的。

双向晶闸管的检测方法是：

（1）在检测待测的双向晶闸管时，将万用表旋至电阻档，量程调整为"R×1k"，并进行欧姆调零。将万用表的红表笔搭在晶闸管的控制极引脚上，黑表笔搭在第一电极 T_1 引脚上，检测晶闸管控制极与第一电极之间的正向阻值。观测万用表显示的读数，所测得电阻值记为 R_1，其电阻值为 1 kΩ，如图6-58所示。

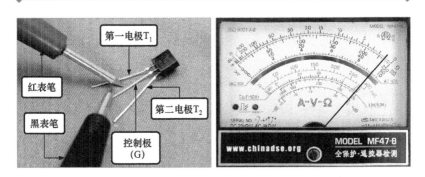

图6-58 检测双向晶闸管（一）

调换表笔，将万用表的红表笔搭在晶闸管的第一电极 T_1 引脚上，黑表笔搭在控制极引脚上，检测晶闸管控制极与第一电极之间的反向阻值。测得电阻值记为 R_2，其电阻值也为 1 kΩ。

（2）将万用表的红表笔搭在晶闸管的第一电极引脚上，黑表笔搭在第二电极引脚上，检测晶闸管第一电极与第二电极之间的正向阻值。观测万用表显示的读数，将所测得电阻值记为 R_3，其电阻值为无穷大，如图6-59所示。

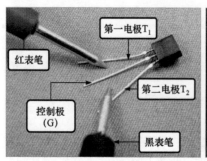

图 6-59　检测双向晶闸管（二）

调换表笔，检测晶闸管第一电极与第二电极之间的反向阻值，测得电阻值记为 R_4，其电阻值趋于无穷大。

（3）将万用表的红表笔搭在晶闸管的第二电极上，黑表笔搭在控制极引脚上，检测晶闸管控制极与第二电极之间的正向阻值。观测万用表显示的读数，所测的电阻值记为 R_5，其电阻值趋于无穷大，如图 6-60 所示。

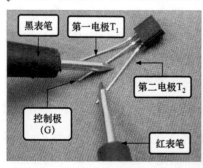

图 6-60　检测双向晶闸管（三）

调换表笔，检测晶闸管控制极与第二电极之间的反向阻值，测得电阻值记为 R_6，其电阻值趋于无穷大。

测量双向晶闸管时，R_1、R_2 应有几千欧的阻值，其他测量值即 R_3、R_4、R_5、R_6 均应趋于无穷大，这是正常的，如所测值与上述情况有偏差，则属不良晶闸管。

第7章
万用表检修电风扇的应用训练

7.1 万用表在电风扇检测中的应用

7.1.1 电风扇的结构原理

1. 电风扇的结构

电风扇是常见的家用电器，它通过风扇电动机带动风叶高速旋转，加速室内空气流通，使室内温度迅速降低。在家庭生活中，电风扇常用来在夏季降温。根据安放位置不同，电风扇一般可分为壁挂式、吊挂式、台式和落地式，如图7-1所示。

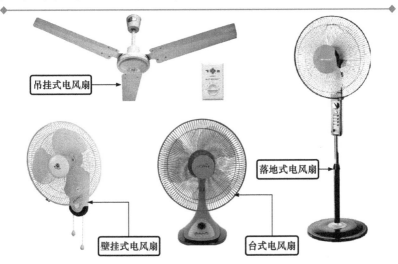

吊挂式电风扇

落地式电风扇

壁挂式电风扇

台式电风扇

图7-1　几种电风扇的外形

　　壁挂式电风扇、吊挂式电风扇、台式电风扇和落地式电风扇的结构基本相似，只是支撑机构略有不同。壁挂式和吊挂式电风扇使用固定螺栓等固定装置安装于墙壁或房顶上，不占用使用空间；台式电风扇和落地式电风扇的使用位置不固定，可随时改变，落地式电风扇的使用高度可进行调节。

　　图7-2所示为壁挂式电风扇的外部结构。该电风扇主要由风叶机构、电动机及摆头机构、支撑机构和控制机构这四部分组成。

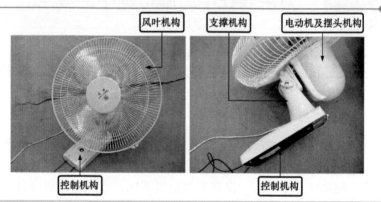

图7-2　壁挂式电风扇的外部结构

（1）风叶机构

　　风叶机构的网罩由前后两部分组成，并通过网罩箍进行固定。风叶安装在电动机上，在电风扇起动时由电动机带动高速旋转，通过切割空气促使空气加速流通。图7-3所示为风叶机构的结构。

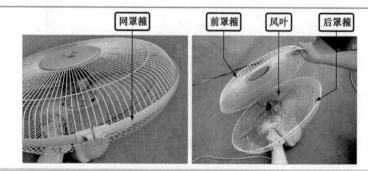

图7-3　风叶机构的结构

（2）电动机及摆头机构

将电动机外侧的保护罩拆下后，可找到电风扇的电动机和摆头机构，如图7-4所示。电动机的连接线通过支撑机构与调速开关相连，其起动电容器安装在风扇电动机旁边。

风扇电动机　　起动电容器　　调速开关　　电源线　　　电动机引线

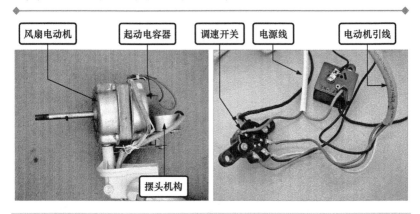

摆头机构

图7-4　电风扇的电动机和摆头机构

许多电风扇除了具备调速功能外，还具有摆头的功能，电风扇的摆头功能主要是依靠摆头机构实现的。图7-5所示为摆头机构的结构。从图中可以看出，摆头机构位于风扇电动机的后面，由摆头电动机、偏心轮和连杆组成。该机构用来控制电风扇的摆头，以实现电风扇向不同方向送风的目的。

摇头电动机

连杆

偏心轮

图7-5　摆头机构的结构

（3）支撑机构和控制机构

支撑机构是电风扇的支架，可以使电风扇固定在墙壁上。支撑机构由连接头、加紧螺钉和底座构成，如图 7-6 所示。底座内安装有控制机构，即调速开关和摆头开关，二者通过导线与电动机和摆头电动机相连。

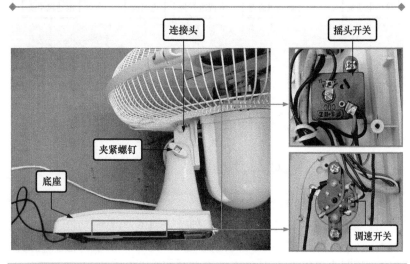

图 7-6 底座结构

图 7-7 为典型微电脑控制的电风扇电路结构框图。从图中可以看出，该电路主要由电源供电电路、程序控制电路、指示灯及操作控制电路、起动电容器、风扇电动机和摆头电动机这几部分构成。交流 220V 电压送入电风扇后分成两路，一路送入电源供电电路，经降压、整流、滤波后输出直流低压，为程序控制电路供电；另一路则为风扇电动机和摆头电动机供电。

用户通过操作控制电路输入人工指令后，程序控制器对输入的指令进行识别、处理后，使相应的指示灯点亮，并输出控制信号控制电动机驱动电路工作，电动机驱动电路根据控制指令输出驱动信号，驱动风扇电动机和摆头电动机工作。

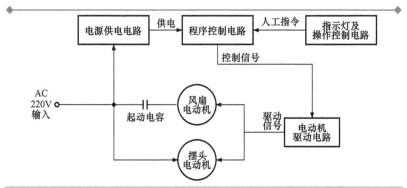

图 7-7 典型微电脑控制的电风扇电路结构框图

 2. 电风扇的工作原理

图 7-8 所示为典型电风扇的电路信号流程图。

交流 220 V 电源输入后，火线端（L）经由电源开关 S1、熔断器和降压电路 R1、C1 后，由 VD1 进行整流，再由 C2 滤波、VD2 稳压、C3 滤波输出 +5 V 电压，为程序控制芯片供电，交流输入零线（N）端接地。

IC BA3105 是程序控制芯片，⑦脚为电源供电端，④、⑤脚外接晶体形成 32.768 kHz 的晶振信号，作为芯片的时钟信号。

IC 芯片的⑧~⑭脚外接操作控制电路和发光二极管，S2~S6 为人工操作键，按某一键时，按键引脚经 10 kΩ 电阻器接地，这些键分别表示相应的操作功能，当按动某一键时，芯片相应引脚变为低电平，在芯片内经引脚功能的识别后，会使相应的引脚输出控制信号。

例如，操作开机键选择风速挡按键后，IC 的⑰、⑱、①脚，其中会有一脚输出触发脉冲，使被控制的晶闸管导通，风扇电动机通电旋转。风扇电动机和转页电动机都是由交流 220 V 供电。交流电源的火线经过晶闸管 VS1~VS4 给风扇电动机和转页电动机供电。交流输入零线端（N）经熔断器 FU2 加到运行绕组上，同时经起动电容器 C4 加到电动机的起动绕组上。VS1、VS2、VS3 三个晶闸管相当于三个速度控制开关。VS1 导通时低速绕组供电，SV2 导通时中速绕组供电，VS3 导通时则为高速绕组供电，以此可以控制电动机转速。

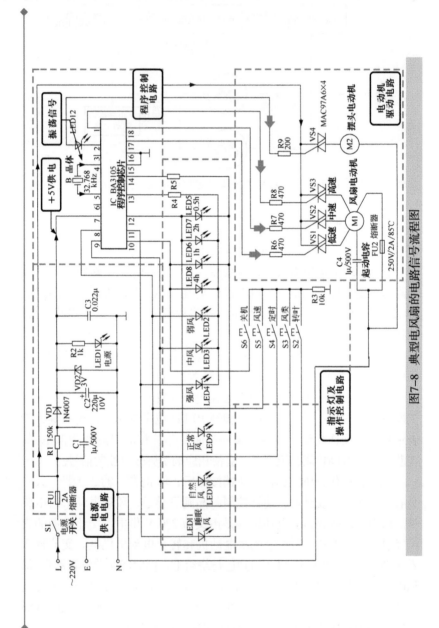

图7-8　典型电风扇的电路信号流程图

　　VS4 接在转页电动机的供电电路中，如果操作转叶摆头开关，则 IC 芯片②脚输出触发信号使 VS4 导通，则转页电动机旋转。

　　发光二极管显示电路（LED）受控制芯片的控制，例如操作风速按键使风扇处于强风（高速）状态时，操作后 IC⑪脚保持高电平，⑬脚为低电平，则强风指示灯点亮。

　　图 7-9 所示为典型电风扇的整机控制过程。由图可知，电风扇通电后，通过风速开关使风扇电动机旋转，同时风扇电动机带动扇叶一起旋转，由于扇叶带有一定的角度，扇叶旋转会切割空气，从而促使空气加速流通，完成送风操作。

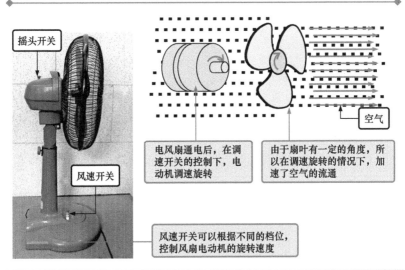

图 7-9　典型电风扇的整机控制过程

　　当需要电风扇摇头送风时，则可以通过控制摇头开关控制电风扇头部的摆动。

　　电风扇中各部件协同工作，并使扇叶的旋转加速周围空气的流通，在整个控制过程中，各功能部件都有着非常重要的作用。

　　如图 7-10 所示，风速开关和摇头开关分别控制风扇电动机和摇头电动机的工作状态；风扇电动机旋转时带动扇叶旋转，从而加速空气的流通；摇头电动机在偏心轮、连杆的作用下使电风扇进行摆头。

由图 7-10 可知，电风扇中各功能部件在控制关系中都有非常重要的作用，下面分别对这些功能部件的工作原理进行学习。

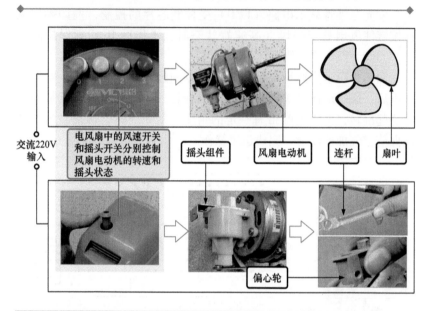

图 7-10 电风扇中各部件协同工作

（1）风扇电动机的工作原理

风扇电动机是电风扇的重要组成部分，在所有类型的电风扇中都可找到。风扇电动机通过电磁感应的原理，带动扇叶旋转，加速空气流通。图 7-11 为风扇电动机的工作原理示意图。

电风扇中的风扇电动机多为交流感应电动机。它具有两个绕组（线圈），主绕组通常作为运行绕组，另一辅助绕组作为起动绕组。

电风扇通电起动后，交流供电经起动电容加到起动绕组上，在起动电容器的作用下，起动绕组中所加电流的相位与运行绕组形成90°，定子和转子之间形成起动转矩，使转子旋转起来。风扇电动机开始高速旋转，并带动扇叶一起旋转，扇叶旋转时会对空气产生推力，从而加速空气流通。

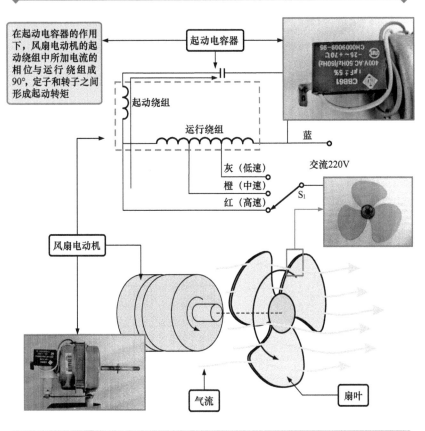

在起动电容器的作用下，风扇电动机的起动绕组中所加电流的相位与运行绕组成90°，定子和转子之间形成起动转矩

起动电容器

起动绕组

运行绕组

蓝

灰（低速）

橙（中速）

红（高速）

交流220V

S_1

风扇电动机

气流

扇叶

图 7-11　风扇电动机的工作原理示意图

（2）摇头组件的工作原理

　　摇头组件是电风扇的组成部分之一，在许多电风扇中都可以找到，带有摇头组件的电风扇可以自动摇头，使风扇扩大送风范围。

　　摇头组件通常固定在风扇电动机上，连杆的一端连接在支撑组件上，当摇头组件工作时，由偏心轴带动连杆运动，从而实现电风扇的往复摇摆运行。图7-12为电风扇摇头机构工作原理图，由图可知，摇头组件在正常工作时，均是通过一些机械部件来完成的。

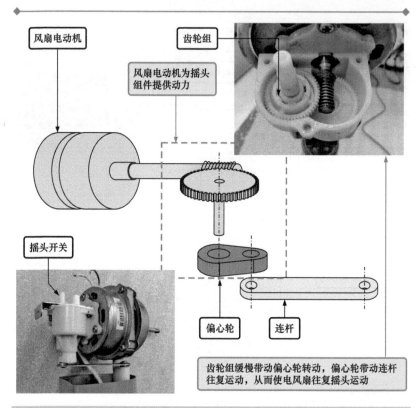

图 7-12 电风扇摇头机构工作原理图

扩展

采用摇头电动机作为电风扇摇头的动力源时，具体的工作过程与摇头组件的工作原理相似，都是通过齿轮进行控制的，如图 7-13 所示。摇头电动机中连杆的一端连接在支撑组件上，当摇头电动机旋转的时候，由偏心轮带动连杆运动，从而实现电风扇往复的水平摆动。

在其摇头电动机内部有一个带有减速齿轮组的设备，电动机轴上的齿轮与变速齿轮相互运动，由于电动机轴齿轮比变速齿轮小得多，因此电动机旋转多圈，变速齿轮才会旋转一圈，减缓了旋转速度。也就是说摇头电动机旋转，通过变速齿轮减速，实现了电风扇较为缓慢的摇头速度。

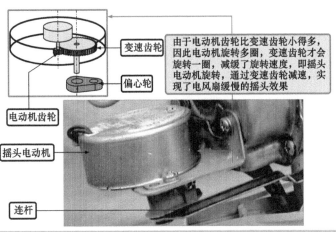

变速齿轮

偏心轮

由于电动机齿轮比变速齿轮小得多，因此电动机旋转多圈，变速齿轮才会旋转一圈，减缓了旋转速度，即摇头电动机旋转，通过变速齿轮减速，实现了电风扇缓慢的摇头效果

电动机齿轮

摇头电动机

连杆

图7-13　典型电风扇的摇头过程示意图

（3）风速开关的工作原理

风速开关是电风扇的控制部件。它可以控制风扇电动机内绕组的供电，使风扇电动机以不同的速度旋转。图7-14为风速开关的功能示意图。

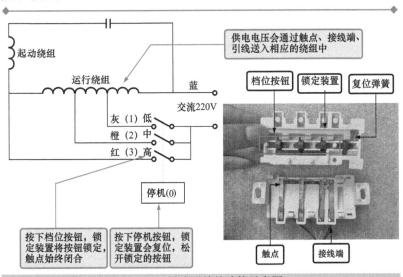

起动绕组

运行绕组

蓝

交流220V

灰（1）低

橙（2）中

红（3）高

停机(0)

供电电压会通过触点、接线端、引线送入相应的绕组中

档位按钮　锁定装置　复位弹簧

触点　接线端

按下档位按钮，锁定装置将按钮锁定，触点始终闭合

按下停机按钮，锁定装置会复位，松开锁定的按钮

图7-14　风速开关的功能示意图

　　可以看到，风速开关主要由档位按钮、触点、接线端等构成，其中档位按钮带有自锁功能，按下后会一直保持接通状态。不同档位的接线端通过不同颜色的引线与风扇电动机内的绕组相连。

　　按下不同档位的按钮，该按钮便会自锁，则内部触点一直保持闭合，供电电压便会通过触点、接线端、引线送入相应的绕组中。交流电压送入不同的绕组中，风扇电动机便会以不同的转速工作。

　　目前常见的风速开关主要有按钮式控制和控制线控制两种，如图 7-15 所示。

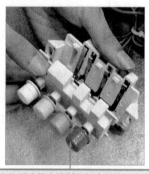

该电风扇的调速是由控制按钮控制的，当按动不同的按钮时，即调速开关置于不同的档位，进而控制风扇电动机的转速

由控制线控制的调速开关，拉动控制线使调速开关置于不同的档位，进而控制风扇电动机的转速

图 7-15　两种控制方式

7.1.2　万用表对电风扇的检测应用

一个电子产品的功能主要是通过其核心元器件共同作用来实现的，而想要通过万用表来判断该设备的故障部位，就需要对这些核心元器件进行检测。

图 7-16 所示为典型电风扇的测量部位。根据该图可知，检测电风扇的好坏，应重点对起动电容器、风扇电动机、摆头电动机、摇头开关、调速开关等关键部位进行检测。

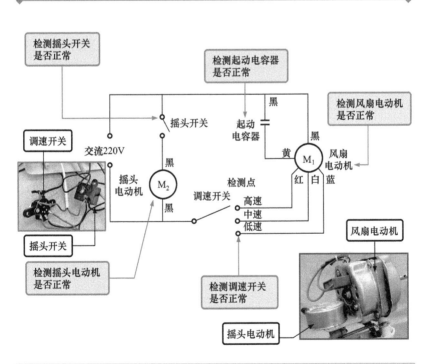

图 7-16　典型电风扇的测量部位

7.2　万用表检测电风扇的训练

7.2.1　万用表检测起动电容器

起动电容器主要功能是在风扇开机工作时，为风扇电动机的起动绕组提供起动电压，通常位于风扇电动机附近。起动电容器的一端接交流 220 V 电源，另一端与风扇电动机的起动绕组相连。检测启动电容时，主要是检测起动电容器的充放电是否正常。

将万用表调至"R×10k"电阻档，红、黑表笔分别搭在起动容器的两条导线端，然后再对调表笔进行检测，如图 7-17 所示。

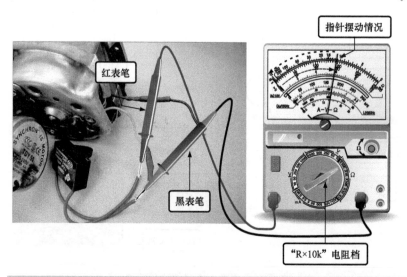

图 7-17　检测起动电容器

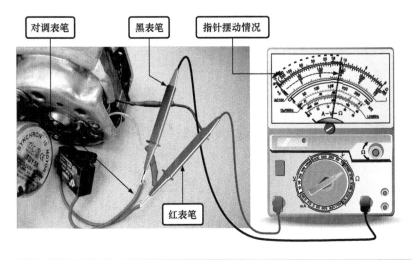

图 7-17　检测起动电容器（续）

　　使用万用表进行检测时，会出现充、放电的过程，即指针从无穷大的位置向电阻小的方向摆动，然后再摆回到无穷大的位置，这说明电容器正常。**若万用表指针不摆动或者摆动到电阻为零的位置后不返回，以及万用表摆动到一定的位置后不返回，均表示起动电容器出现故障，应将其更换。**

7.2.2　万用表检测风扇电动机

　　风扇电动机是电风扇的核心，它与风叶相连，带动风叶转动，使风叶快速切割空气，加速空气流通。使用万用表检测风扇电动机时，主要是通过检测风扇电动机各引线之间的阻值来判断风扇电动机是否正常。

　　（1）图 7-18 为风扇电动机的电路图。从图中可以看出该风扇电动机各绕组之间的电路关系，可通过检测黑色导线与其他导线之间的阻值来判断该风扇电动机是否损坏。

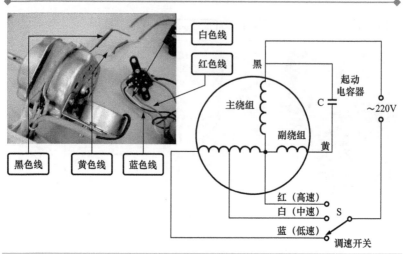

图7-18　风扇电动机的电路图

💡 **提示**

　　风扇电动机大都采用交流感应电动机，具有两个绕组（线圈），如图7-19所示。主绕组通常作为运行绕组，辅助绕组作为起动绕组。交流供电电压经起动电容器加到起动绕组上，由于电容器的作用，使起动绕组中所加电流的相位超前于运行绕组90°，在定子和转子之间形成了一个起动转矩，使转子旋转起来。外加交流电压使定子线圈形成旋转磁场，维持转子连续旋转，即使起动绕组中电流减小也不影响电动机旋转。实际上，在起动后，由于起动电容器的交流阻抗，起动绕组中的交流电流也减小了，主要靠运行绕组提供驱动磁场。

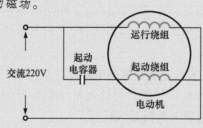

图7-19　交流感应电动机的结构及原理

（2）将万用表调至"R×100"档，进行调零校正后，将万用表的红、黑表笔分别搭在风扇电动机黑色导线与其他导线上，检测黑色导线与其他导线之间的电阻值。如图 7-20 所示，使用万用表检测黑色导线与黄色导线之间的阻值，经检测该阻值为 1100 Ω。

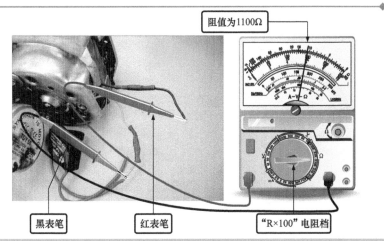

图 7-20　使用万用表检测黑色导线与黄色导线之间的阻值

（3）将万用表的红、黑表笔分别搭在风扇电动机黑色导线与蓝色导线上，如图 7-21 所示，经检测阻值为 700 Ω。

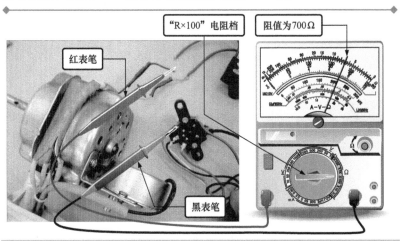

图 7-21　测量黑色导线与蓝色导线间的阻值

（4）将万用表的红、黑表笔分别搭在风扇电动机黑色导线与白色导线上，如图 7-22 所示，经检测阻值为 500 Ω。

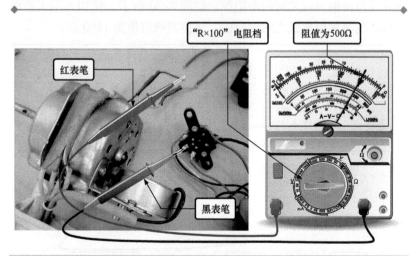

图 7-22 测量黑色导线与白色导线间的阻值

（5）将万用表的红、黑表笔分别搭在风扇电动机黑色导线与红色导线上，如图 7-23 所示，经检测阻值为 400 Ω。

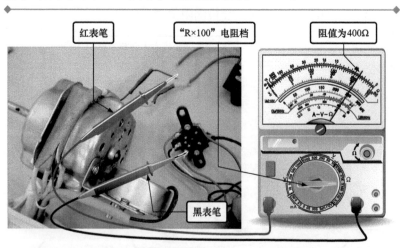

图 7-23 测量黑色导线与红色导线间的阻值

　　若在检测过程中，万用表指针指向零或无穷大，或者检测时所测得的阻值与正常值偏差很大，均表明所检测的绕组有损坏，需要将风扇电动机更换；若检测时，黑色导线与其他各导线之间的阻值为几百欧姆至几千欧姆，并且检测时黑色导线与黄色导线之间的阻值始终为最大阻值，表明该风扇电动机正常。

7.2.3　万用表检测调速开关

　　调速开关出现故障，将无法对电风扇的风速进行调节。图 7-24 所示为调速开关的外形及背部引脚焊点。在检测调速开关前，首先查看调速开关与各导线的连接是否良好，以及检查调速开关的复位弹簧弹力是否失效。

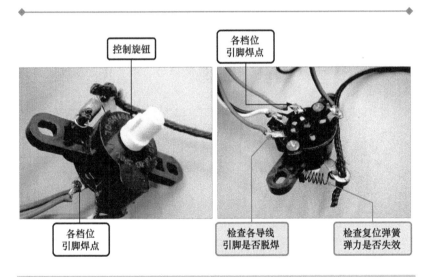

控制旋钮

各档位引脚焊点

各档位引脚焊点

检查各导线引脚是否脱焊

检查复位弹簧弹力是否失效

图 7-24　调速开关的外形及背部引脚焊点

　　（1）根据调速开关原理，当开关搭在不同的档位时，便会接通不同的线路，根据这一原理，将万用表调至"R×1"电阻档，检测相应接通档位的阻值，如图 7-25 所示。将红、黑表笔分别搭在供电端和一个档位引脚上，将档位拨到该引脚上，可测得阻值为 0 Ω。

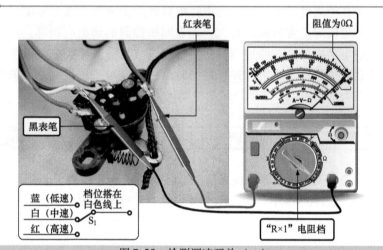

图 7-25　检测调速开关（一）

（2）将档位拨到别的引脚上，这时，万用表测得的阻值为无穷大，如图 7-26 所示。若实际检测与上述结果偏差很大，则可能开关内部存在故障，可将其拆解后检查机械部分，或整体更换调速开关来排除故障。

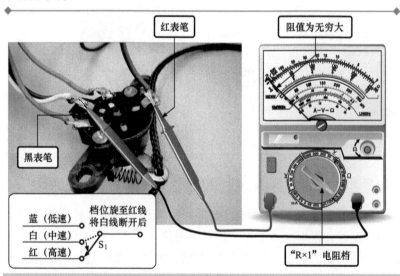

图 7-26　检测调速开关（二）

扩展

　　调速开关主要是用来改变风扇电动机的转速，交流风扇电动机的调速采用绕组线圈抽头的方法比较多，即绕组线圈抽头与调速开关的不同档位相连，通过改变绕组线圈的数量，从而使定子线圈所产生的磁场强度发生变化，实现速度调整。图7-27所示为一种壁挂式风扇电动机绕组的结构，运行绕组中设有两个抽头，这样就可以实现三速可变的风扇电动机。由于两组线圈接成L字母形，也就被称之为L形绕组结构。若两个绕组接成T字母形，便被称为T形绕组结构，其工作原理与L形抽头调速电动机相同。

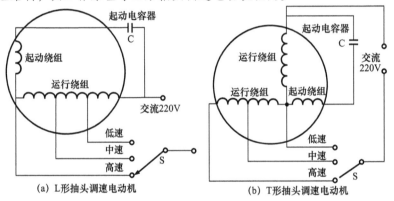

(a) L形抽头调速电动机　　　　　　　　　(b) T形抽头调速电动机

图7-27　L形抽头调速电动机和T形抽头调速电动机

　　图7-28为双抽头连接方式的电动机绕组的结构，即运行绕组和起动绕组都设有抽头。通过改变绕组所产生的磁场强弱进行调速。

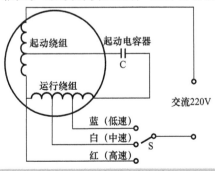

图7-28　双抽头调速电动机

7.2.4　万用表检测摆头电动机

摆头电动机用于控制风叶机构摆动，使电风扇向不同方向送风。摆头电动机由摆头开关进行控制。当按下摆头开关，摆头电动机便会带动风扇机构来回摆动。使用万用表检测摆头电动机的阻值，可以判断其是否损坏。

摆头电动机通常由两条黑色引线连接，其中一根黑色引线连接调速开关，另一根黑色引线接摆头开关，因此在检测时可以检测调速开关和摆头开关上的摆头电动机接线端，来检测摆头电动机。当电风扇出现不能摆头电动机的情况时，就需要对摆头电动机进行检测。

将万用表调至"R×1k"电阻档，红黑表笔搭在调速开关和摆头开关的接线端上，正常情况下，摆头电动机的阻值应为几千欧姆左右，如图7-29所示。若测得阻值为无穷大或零，均表示摆头电动机已经损坏。

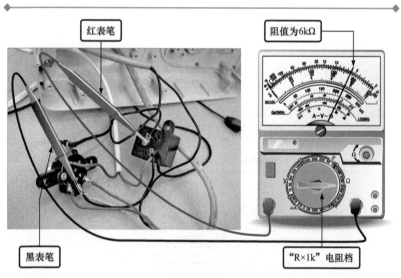

图7-29　检测摆头电动机

7.2.5　万用表检测摆头开关

若摆头开关损坏，会导致电风扇的摆头功能失效，电风扇只能保持在一个位置送风。摆头开关比较简单，它相当于一个简单的按钮开关，拉动控制线可以实现开关的通断。使用万用表检测其通、断状态下的阻值，即可判断好坏。

（1）将万用表调至"R×1"电阻档，红、黑表笔搭在摆动开关的两个接线端，在闭合状态下，检测到的阻值为 0 Ω，如图 7-30 所示。

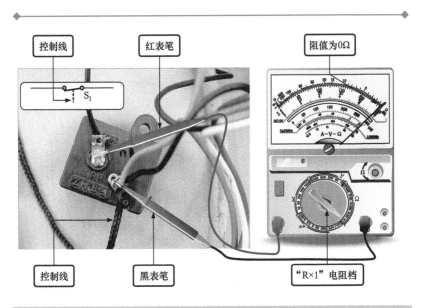

图 7-30　检测摆头开关（一）

（2）红、黑表笔依然分别搭在摆动开关的两个接线端，在断开状态下，检测到的阻值应为无穷大，如图 7-31 所示。

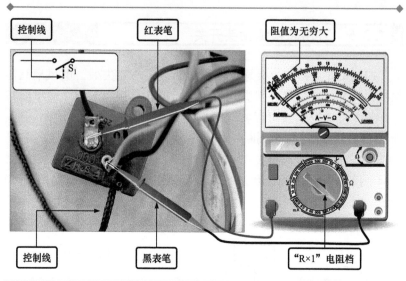

控制线　红表笔　阻值为无穷大

控制线　黑表笔　"R×1"电阻档

图7-31 检测摆头开关（二）

　　若实际检测与上述结果偏差很大，则开关内部可能存在故障，可拆解检查其机械部分，或整体更换摆头开关排除故障。

第8章

万用表检测电饭煲的应用训练

8.1　万用表在电饭煲检修中的应用

8.1.1　电饭煲的结构原理

1. 电饭煲的结构

电饭煲俗称电饭锅，是家庭中常用的电炊具之一，是根据人工操作控制完成烧饭、加热功能的家用电器产品。在使用万用表对其进行检测训练前，首先了解它的结构，图8-1所示为典型微电脑式电饭煲的结构。

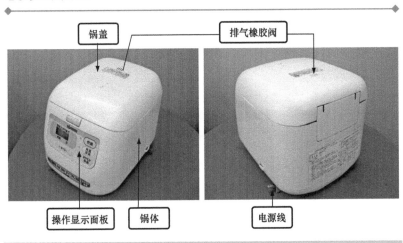

锅盖　　　排气橡胶阀

操作显示面板　　锅体　　　电源线

图8-1　典型微电脑式电饭煲的结构

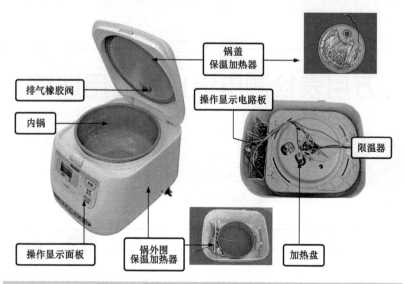

图 8-1　典型微电脑式电饭煲的结构（续）

（1）内锅

内锅（也称内胆）是电饭煲用来煮饭的容器，在其内壁上标有刻度，用来指示放米量和放水量。图 8-2 所示为典型电饭煲的内锅。

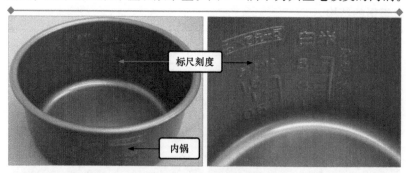

图 8-2　典型电饭煲的内锅

（2）加热盘

加热盘是电饭煲的主要部件之一，是用来为电饭煲提供热源的部件。其供电端位于加热盘的底部，通过连接片与供电导线相连。图 8-3 所示为典型电饭煲的加热盘。

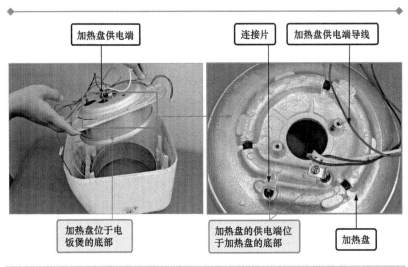

加热盘供电端　　　连接片　　　加热盘供电端导线

加热盘位于电饭煲的底部

加热盘的供电端位于加热盘的底部

加热盘

图 8-3　典型电饭煲的加热盘

（3）限温器

限温器是电饭煲煮饭时的自动断电装置，用来感应内锅的热量，从而判断锅内食物是否加热成熟。限温器安装在电饭煲底部的加热盘的中心位置，与内锅直接接触。图 8-4 为典型电饭煲的限温器。

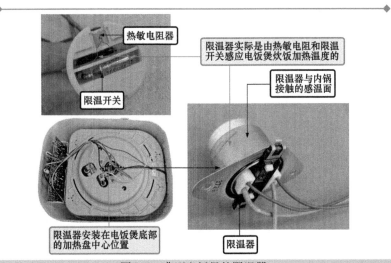

热敏电阻器

限温器实际是由热敏电阻和限温开关感应电饭煲炊饭加热温度的

限温器与内锅接触的感温面

限温开关

限温器安装在电饭煲底部的加热盘中心位置

限温器

图 8-4　典型电饭煲的限温器

扩展

有些电饭煲中限温器是通过面板的杠杆开关进行控制的。该类限温器通常采用磁钢限温器，通过炊饭开关的上下运动对其进行控制，如图8-5所示。机械式电饭煲与微电脑式电饭煲的主要区别是控制方式的不同。

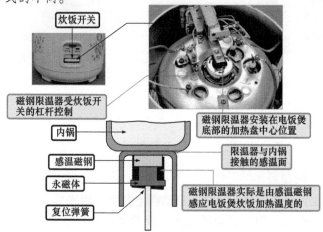

图8-5　磁钢限温器

（4）保温加热器

保温加热器分别设置在内锅的周围和锅盖的内侧，用于对锅内的食物起到保温的作用。图8-6所示为典型电饭煲的保温加热器。

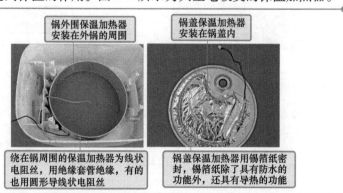

图8-6　典型电饭煲的保温加热器

（5）操作显示电路

操作显示电路板位于电饭煲前端的锅体壳内，用户可以根据需要对电饭煲进行控制，并由指示部分显示电饭煲的当前工作状态。图8-7所示为典型电饭煲的操作显示电路。

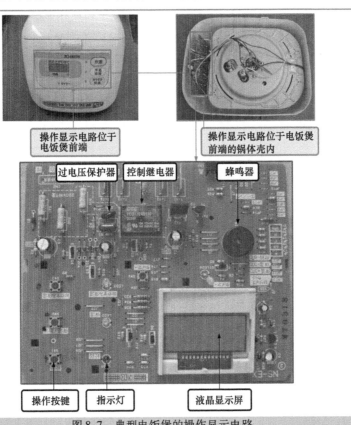

图8-7　典型电饭煲的操作显示电路

 2. 电饭煲的工作过程

不同电饭煲的电路虽结构各异，但其基本工作过程大致相同。为了更加深入了解电饭煲的工作过程，下面以两种不同控制方式的电饭煲为例对其工作过程进行介绍。图8-8所示为典型微电脑式电饭煲的工作过程。

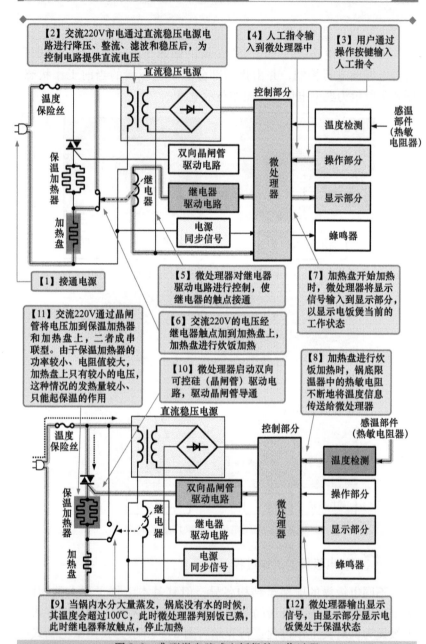

【2】交流220V市电通过直流稳压电源电路进行降压、整流、滤波和稳压后，为控制电路提供直流电压

【4】人工指令输入到微处理器中

【3】用户通过操作按键输入人工指令

【1】接通电源

【11】交流220V通过晶闸管将电压加到保温加热器和加热盘上，二者成串联型。由于保温加热器的功率较小、电阻值较大，加热盘上只有较小的电压，这种情况的发热量较小、只能起保温的作用

【5】微处理器对继电器驱动电路进行控制，使继电器的触点接通

【6】交流220V的电压经继电器触点加到加热盘上，加热盘进行炊饭加热

【10】微处理器启动双向可控硅（晶闸管）驱动电路，驱动晶闸管导通

【7】加热盘开始加热时，微处理器将显示信号输入到显示部分，以显示电饭煲当前的工作状态

【8】加热盘进行炊饭加热时，锅底限温器中的热敏电阻不断地将温度信息传送给微处理器

【9】当锅内水分大量蒸发，锅底没有水的时候，其温度会超过100℃，此时微处理器判别饭已熟，此时继电器释放触点，停止加热

【12】微处理器输出显示信号，由显示部分显示电饭煲处于保温状态

图8-8 典型微电脑式电饭煲的工作过程

图8-9 所示为典型机械式电饭煲的工作过程。

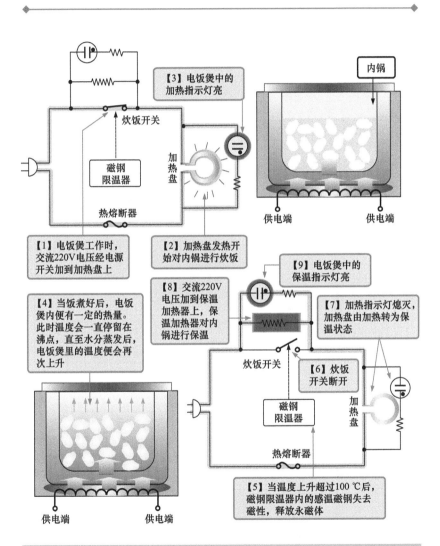

图8-9　典型机械式电饭煲的工作过程

8.1.2　万用表对电饭煲的检测应用

使用万用表对电饭煲进行检测时，要根据电饭煲的整机结构和工作过程，确定主要检测部位。这些检测部位是电饭煲检测时的关键点，使用万用表通过对这些主要检测部位的测量，即可查找到故障线索。图8-10所示为电饭煲中可用万用表检测的部位。

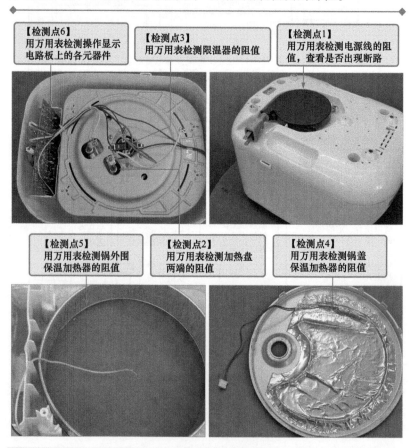

图8-10　电饭煲中可用万用表检测的部位

8.2　万用表检测电饭煲的训练

8.2.1　万用表检测电源线

　　电源线用于为电饭煲的工作提供供电电压，是电饭煲正常工作的重要部件。电源线损坏时，会引起电饭煲不能通电工作的故障。

　　使用万用表通过检测电源线两端的阻值，来判断电源线是否损坏。万用表检测电源线的方法，如图8-11所示。

【1】卸下电源线的线盘盖

【2】将万用表的量程调整至电阻档

【3】将万用表的两表笔分别搭在任一根电源线的两端

【4】观察万用表表盘，读出实测数值为零

若检测电源线两端阻值为无穷大，则说明电源线断路损坏

图8-11　万用表检测电源线的方法

8.2.2 万用表检测加热盘

加热盘是用来为电饭煲提供热源的部件。加热盘损坏，会引起电饭煲出现不炊饭、炊饭不良等故障。

使用万用表通过检测加热盘两端的阻值，来判断加热盘是否损坏。万用表检测加热盘的方法，如图 8-12 所示。

若测得电热盘的阻值过大或过小，都表示电热盘损坏

【1】将万用表的量程调整至电阻档

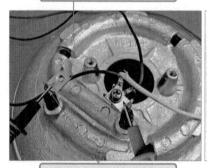

【2】将万用表的两表笔分别搭在加热盘的两端

【3】观察万用表表盘，读出实测数值为13.5Ω

图 8-12　万用表检测加热盘的方法

8.2.3 万用表检测限温器

限温器用于检测电饭煲的锅底温度，并将温度信号送入微处理器中，再由微处理器根据接收到的温度信号发出停止炊饭的指令，控制电饭煲的工作状态。若限温器损坏，多会引起电饭煲出现不炊饭、煮不熟饭、一直炊饭等故障。

使用万用表检测时，可通过检测限温器供电引线间和控制引线

间的阻值，来判断限温器是否损坏。万用表检测限温器的方法，如图 8-13 所示。

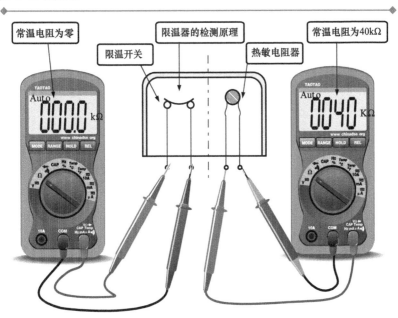

常温电阻为零　　　限温器的检测原理　　　常温电阻为40kΩ

限温开关　　　热敏电阻器

【2】将万用表的两表笔分别搭在限温器的两引线端，对内部限温开关进行检测

【1】将万用表的量程调整至电阻档

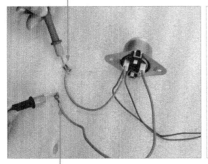

若检测限温器内部限温开关的阻值为无穷大，则说明限温器已损坏

【3】观察万用表表盘，读出实测数值为零

图 8-13　万用表检测限温器的方法

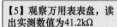

【4】将万用表的两表笔分别搭在限温器的控制引线端，对内部热敏电阻进行检测

【5】观察万用表表盘，读出实测数值为41.2kΩ

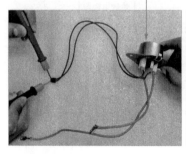

【6】万用表表笔保持不变，按动限温器，人为模拟放锅状态，将限温器的感温面接触盛有热水的杯子

【7】观察万用表表盘，读出实测数值逐渐减小

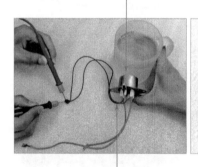

常温情况下，限温器内热敏电阻的阻值为零；放锅时阻值为40Ω左右；放锅时感温面接触热源时其阻值会相应减小。若不符合该规律，则说明限温器损坏

图 8-13　万用表检测限温器的方法（续）

8.2.4　万用表检测锅盖保温加热器

保温盖加热器是电饭煲饭熟后的自动保温装置。若锅盖保温加热器不正常，电饭煲将出现保温效果差、不保温的故障。

使用万用表通过检测锅盖保温加热器的阻值，来判断其是否损坏。万用表检测锅盖保温加热器的方法，如图8-14所示。

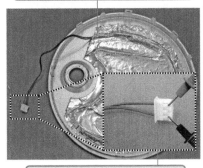

若测得锅盖保温加热器的阻值过大或过小，都表示锅盖保温加热器已损坏

【1】将万用表的量程调整至电阻档

【2】将万用表的两表笔分别搭在锅盖保温加热器的两引线端

【3】观察万用表表盘，读出实测数值为18.5Ω

图8-14　万用表检测锅盖保温加热器的方法

8.2.5　万用表检测锅外围保温加热器

锅外围保温加热器用于对锅内的食物进行保温。锅外围保温加热器不正常，则电饭煲将出现保温效果差、不保温的故障。

使用万用表通过检测锅外围保温加热器的阻值，来判断其是否损坏。万用表检测锅外围保温加热器的方法如图8-15所示。

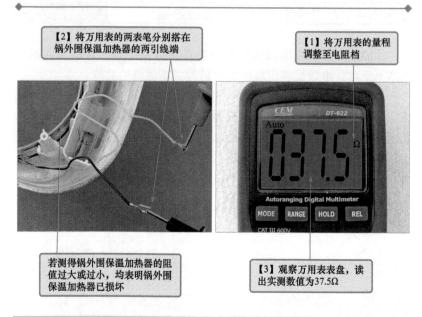

【2】将万用表的两表笔分别搭在锅外围保温加热器的两引线端

【1】将万用表的量程调整至电阻档

若测得锅外围保温加热器的阻值过大或过小，均表明锅外围保温加热器已损坏

【3】观察万用表表盘，读出实测数值为37.5Ω

图 8-15　万用表检测锅外围保温加热器的方法

8.2.6　万用表检测操作显示电路板

操作显示电路板用于对电饭煲的炊饭、保温工作进行控制及显示。操作显示电路板上有损坏的元器件，常会引起电饭煲出现工作失常、操作按键不起作用、炊饭不熟、夹生、中途停机等故障。

使用万用表通过检测操作显示电路板上的各元器件，来判断操作显示电路板是否损坏。如：使用万用表检测操作按键的通断、检测指示灯是否发光等。万用表检测操作显示电路板上的操作按键的方法，如图 8-16 所示。

【2】将万用表的红、黑表笔分别搭在操作按键不同焊盘的两只引脚端

【3】观察操作按键断开状态下，万用表表盘，读出实测数值为无穷大

【1】将万用表的量程调整至电阻档

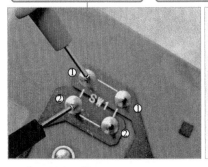

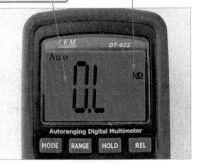

若检测操作按键在通、断两种状态下无零和无穷大之间的变化，均说明操作按键已损坏

【5】观察操作按键闭合状态下，万用表表盘，读出实测数值为零

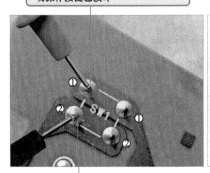

【4】万用表表笔保持不动，按下操作按键，使按键处于闭合状态

图 8-16　万用表检测操作显示电路板上的操作按键的方法

第9章
万用表检测微波炉的应用训练

9.1　万用表在微波炉检修中的应用

9.1.1　微波炉的结构原理

 1. 微波炉的结构

微波炉是使用微波加热食物的现代化厨房电器，其微波的频率一般为 2.4 GHz 的电磁波。微波的频率很高，可以被金属反射，并且可以穿透玻璃、陶瓷、塑料等绝缘材料。其工作效率较高，损耗能量较小。图 9-1 所示为典型微波炉的外部结构。

转盘装置

图 9-1　典型微波炉的外部结构

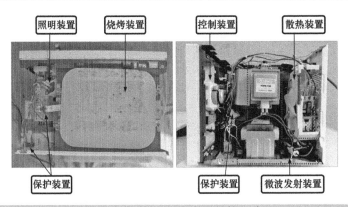

图9-1　典型微波炉的外部结构（续）

（1）转盘装置

微波炉的转盘装置主要由转盘电动机、三角驱动轴、滚圈和托盘构成。该装置在转盘电动机的驱动下，带动食物托盘转动，确保加热过程中，食物托盘上的食材能够得到均匀加热。图9-2所示为典型微波炉的转盘装置。

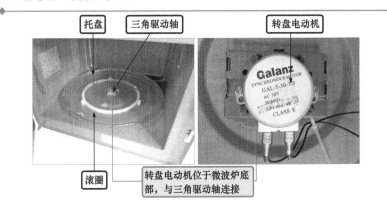

图9-2　典型微波炉的转盘装置

（2）保护装置

微波炉中有多个保护装置，包括对电路进行保护的熔断器，过热保护的过热保护开关以及防止微波泄漏的门开关组件。图9-3所示为典型微波炉的保护装置。

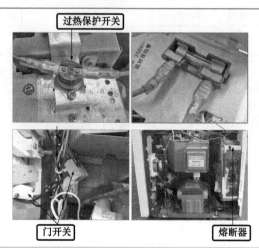

图9-3　典型微波炉的保护装置

（3）照明和散热装置

照明装置指照明灯，用于对炉腔内进行照射，方便拿取和观察食物。而散热装置主要由散热风扇和风扇电机构成，用于加速微波炉内部与外部的空气流通，确保微波炉良好的散热。典型微波炉的照明和散热装置如图9-4所示。

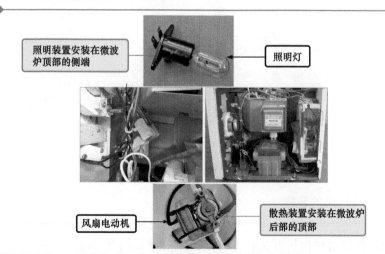

图9-4　典型微波炉的照明和散热装置

（4）微波发射装置

微波炉的微波发射装置主要由磁控管、高压变压器、高压电容器和高压二极管组成。该装置主要用来向微波炉内发射微波，对食物进行加热。图9-5所示为典型微波炉的微波发射装置。

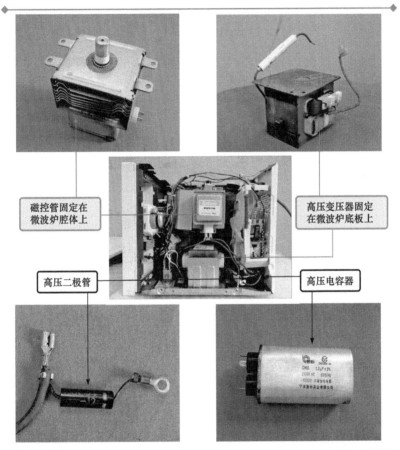

图9-5   典型微波炉的微波发射装置

（5）烧烤装置

烧烤装置主要是由石英管、石英管支架以及石英管保护盖等部分构成的。它是利用石英管通电后会辐射出大量的热量，来对微波炉中的实物进行烧烤的。典型微波炉的烧烤装置如图9-6所示。

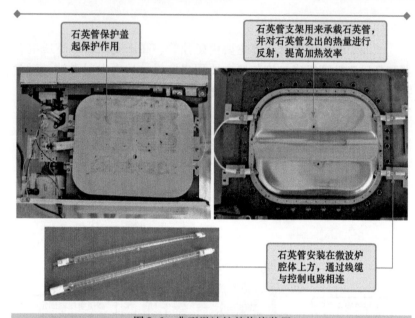

图9-6　典型微波炉的烧烤装置

（6）控制装置

控制装置是微波炉整机工作的控制核心，其根据设定好的程序，对微波炉内各部件进行控制，协调各部分的工作。根据控制原理不同，控制装置可分为机械控制装置和电脑控制装置两种，如图9-7所示。

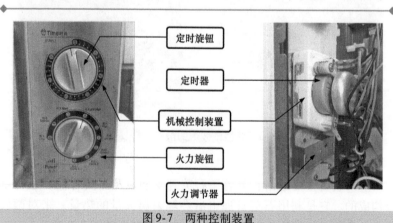

图9-7　两种控制装置

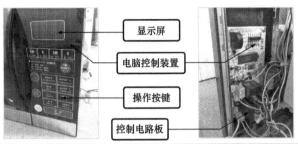

图9-7　两种控制装置（续）

2. 微波炉的工作过程

不同微波炉的电路虽结构各异，但其基本工作过程大致相同。为了更加深入了解微波炉的工作过程，现以典型微波炉为例对其工作过程进行介绍，如图9-8所示。

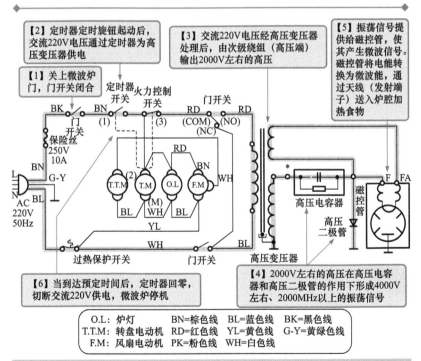

图9-8　典型微波炉的工作过程

9.1.2　万用表对微波炉的检测应用

使用万用表对微波炉进行检测时，要根据微波炉的整机结构和工作过程，确定主要检测部位。这些检测部位是微波炉检测时的关键点。通过万用表对这些主要检测部位的测量，即可查找到故障线索。

图9-9所示为微波炉中可用万用表检测的部位。

【检测点6】
用万用表检测门开关的通、断情况

【检测点1】
用万用表检测磁控管灯丝端的阻值

【检测点5】
用万用表检测过热保护开关的通断情况

【检测点4】
用万用表检测熔断器的阻值

【检测点8】
用万用表检测风扇电动机绕组的阻值

【检测点3】
用万用表检测高压电容器的电容量或充、放电情况。
用万用表检测高压二极管的正、反向耐压值

【检测点9】
用万用表检测控制电路中的各元件

【检测点7】
用万用表检测转盘电动机绕组的阻值

【检测点2】
用万用表检测高压变压器各绕组之间的阻值

图9-9　微波炉中可用万用表检测的部位

9.2　万用表检测微波炉的训练

9.2.1　万用表检测磁控管

磁控管是微波发射装置的主要器件，它通过微波天线将电能转换成微波能，辐射到炉腔中，对食物进行加热。当磁控管出现故障时，微波炉会出现转盘转动正常，但食物不能加热的故障。

使用万用表检测时，可在断电状态下，通过检测磁控管灯丝端的阻值，来判断磁控管是否损坏。图9-10所示为万用表检测磁控管的方法。

【1】将万用表的量程调整至电阻档

若测得磁控管灯丝端的阻值与正常值偏差较大，则说明磁控管已损坏

【2】将万用表的红、黑表笔分别搭在磁控管的灯丝引脚端

【3】观察万用表表盘，读出实测数值为1.2Ω

图9-10　万用表检测磁控管的方法

9.2.2　万用表检测高压变压器

高压变压器是微波发射装置的辅助器件，也称作高压稳定变压器。在微波炉中主要用来为磁控管提供高压电压和灯丝电压。当高压变压器损坏，将引起微波炉出现不发射微波的故障。

使用万用表检测时，可在断电状态下，通过检测高压变压器各绕组之间的阻值，来判断高压变压器是否损坏。检测高压变压器的方法如图 9-11 所示。

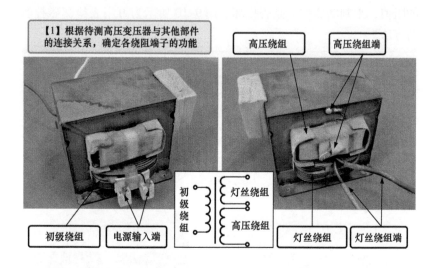

【1】根据待测高压变压器与其他部件的连接关系，确定各绕阻端子的功能

高压绕组　高压绕组端

初级绕组　电源输入端

初级绕组　灯丝绕组　高压绕组

灯丝绕组　灯丝绕组端

若测得高压变压器的电源输入端阻值为0或无穷大，则说明高压变压器初级绕组出现短路或断路现象

【2】将万用表的量程调整至电阻档

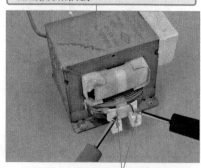

【3】将万用表的红、黑表笔分别搭在高压变压器的电源输入端

【4】观察万用表表盘，读出实测数值为1.1Ω

图 9-11　检测高压变压器的方法

正常时高压变压器灯丝绕组端阻值趋于0，若测得的阻值为无穷大，则说明高压变压器灯丝绕组出现断路现象

【6】观察万用表表盘，读出实测数值为0.1Ω

【5】将万用表的红、黑表笔分别搭在高压变压器的灯丝绕组端

【7】将万用表的红、黑表笔分别搭在高压变压器的高压绕组端

【8】观察万用表表盘，读出实测值为0.100kΩ=100Ω

若测得高压变压器高压绕组端阻值为0或无穷大，则说明高压变压器高压绕组出现短路或断路现象

图9-11　检测高压变压器的方法（续）

9.2.3　万用表检测熔断器

　　熔断器是用于对微波炉进行过流、过载保护的重要器件。当微波炉中的电流有过电流、过载的情况时，熔断器会烧断，起到保护电路的作用，从而实现对整个微波炉的保护。熔断器损坏时，常会引起微波炉不能开机。

　　使用万用表可在断电状态下检测熔断器的电阻值，来判断熔断器是否损坏。图9-12所示为万用表检测熔断器的方法。

使用万用表对熔断器电阻值的检测

如果熔断器正常，万用表检测的电阻值即为零

图 9-12 万用表检测熔断器的方法

9.2.4 万用表检测过热保护开关

过热保护器可对磁控管的温度进行检测。当磁控管的温度过高时，便断开电路，使微波炉停机。若过热保护开关损坏时，常会出现微波炉不能开机的故障。

使用万用表可在断电状态下，通过检测过热保护开关的阻值，来判断过热保护开关是否损坏。万用表检测过热保护开关的方法如图 9-13 所示。

若测得过热保护开关的阻值为无穷大，则说明温度保护器已损坏

【1】将万用表的量程调整至电阻档

【2】将万用表的红、黑表笔分别搭在过热保护开关的两引脚端

【3】观察万用表表盘，读出实测数值为0Ω

图 9-13 万用表检测过热保护开关的方法

9.2.5　万用表检测门开关

　　门开关是微波炉保护装置中非常重要的器件之一。若门开关损坏时，常会引起微波炉出现不发射微波的故障。

　　使用万用表可在关门和开门两种状态下，检测门开关的通、断状态，来判断门开关是否损坏。图 9-14 所示为万用表检测门开关的方法。

【1】将微波炉的门关上

【2】将万用表的量程调整至电阻档

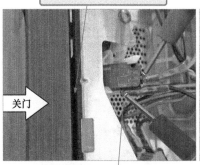

关门

【3】将万用表的红、黑表笔分别搭在门开关的两个引线上

【4】观察万用表表盘，读出实测数值为0Ω

【5】万用表表笔保持不动，将微波炉的门打开

【6】观察万用表表盘，读出实测数值为无穷大

开门

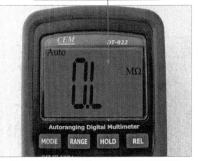

　　正常情况下，关门时门开关闭合，阻值为0，开门时门开关断开，阻值为无穷大，若在开门或关门状态下，测量门开关均无从0到无穷大的变化，则说明门开关损坏

图 9-14　万用表检测门开关的方法

9.2.6　万用表检测转盘电动机

转盘电动机是食物托盘运转动力的主要来源。当转盘电动机损坏，经常会出现微波炉加热不均匀的故障。

使用万用表可在断电情况下，通过检测转盘电动机的绕组阻值，来判断转盘电动机是否损坏。图 9-15 所示为万用表检测转盘电动机的方法。

若测得转盘电动机两端的阻值与正常值偏差较大，则说明转盘电动机已损坏

【1】将万用表的量程调整至电阻档

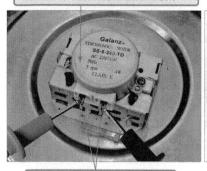

【2】将万用表的红、黑表笔分别搭在转盘电动机的两引脚端

【3】观察万用表表盘，读出实测数值为6.53kΩ=6530Ω

图 9-15　万用表检测转盘电动机的方法

9.2.7　万用表检测控制电路中的编码器

编码器在微波炉控制电路中用于调节时间，也就是微波炉的时间调节旋钮。通过旋转编码器的转柄，将预定时间转换成控制编码信号，送入微处理器中进行记忆和控制。若编码器损坏，微波炉将不能进行时间设定。

使用万用表可在断电情况下，转动编码器转柄，通过检测编码器的阻值变化，来判断编码器是否损坏。图 9-16 所示为万用表检测编码器的方法。

【1】将万用表的量程调整至"R×1k"电阻档

【2】对万用表进行零电阻校正

【3】将万用表的红表笔搭在编码器的公共端

【5】旋转编码器转柄

【6】观察万用表表盘，在旋转转柄过程中，可以检测出0.5kΩ和10kΩ左右的两个阻值

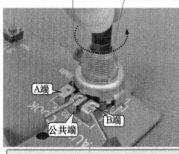

A端

B端

公共端

【4】将万用表的黑表笔分别搭在编码器的A、B任意一端

【7】将万用表的黑表笔搭在编码器的公共端

【9】旋转编码器转柄

【10】观察万用表表盘，在旋转转柄过程中，可以检测出55kΩ、100kΩ和0.5kΩ左右的三个阻值

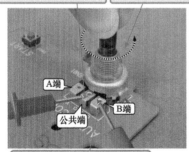

A端

B端

公共端

【8】将万用表的红表笔分别搭在编码器的A、B任意一端

若检测出编码器的阻值与实际阻值偏差较大，则说明编码器可能损坏

图9-16 万用表检测编码器的方法

第 10 章
万用表检测电话机的应用训练

10.1　万用表在电话机检修中的应用

10.1.1　电话机的结构原理

 1. 电话机的结构

电话机根据外形结构和功能，可分为普通电话机、多功能电话机和无绳子母电话机。这三类电话机的电路结构和工作原理基本相同，只是功能较多的电话机中电路模块较多。电话机主要由话机部分和主机部分构成。图 10-1 所示为电话机的实物外形。

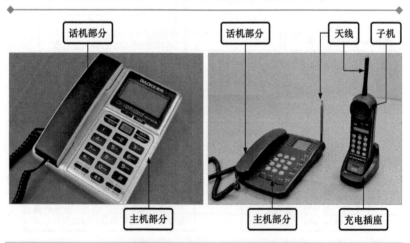

图 10-1　电话机的实物外形

　　图10-2所示为多功能电话机的结构框图。多功能电话机是一种在普通电话机的基础上增加了显示功能以及一些其他扩展功能的电话机。

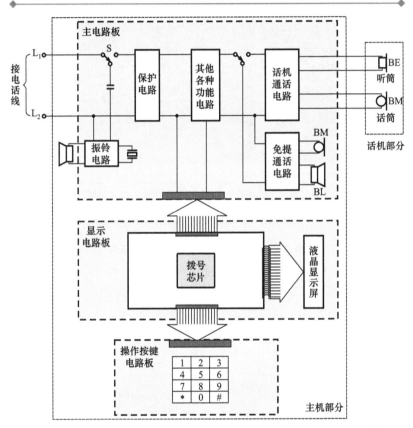

图10-2　多功能电话机的结构框图

　　图10-3所示为多功能电话机的外部结构。从图中可以看出,电话机的主机部分主要包括显示屏、操作按键、侧面插口等。显示屏主要用来显示日期、时间、电话号码、通话时间等信息,操作按键则用来输入指令信息,左侧面插口用来与话机相连,前侧面插口用来与电话线相连;话机部分通过其底部插口和四芯线路与主机相连。正常时,话机放置在叉簧开关(挂机键)上。

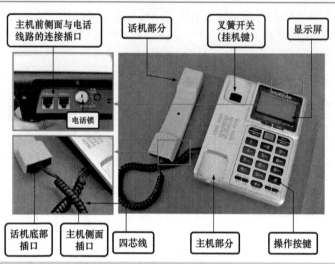

主机前侧面与电话线路的连接插口　话机部分　叉簧开关（挂机键）　显示屏

电话锁

话机底部插口　主机侧面插口　四芯线　主机部分　操作按键

图 10-3　多功能电话机的外部结构

　　图 10-4 所示为多功能电话机的主机部分与话机部分的结构。将主机和话机的外壳拆开后，即可看到其内部的电路部分。主机主要由显示电路板、操作电路板、主电路板和扬声器等部分构成。话机主要由话筒、听筒、四芯线插口等部分构成。

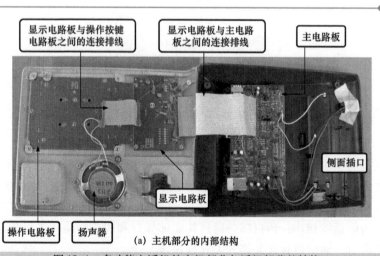

显示电路板与操作按键电路板之间的连接排线　显示电路板与主电路板之间的连接排线　主电路板

侧面插口

操作电路板　扬声器　显示电路板

（a）主机部分的内部结构

图 10-4　多功能电话机的主机部分与话机部分的结构

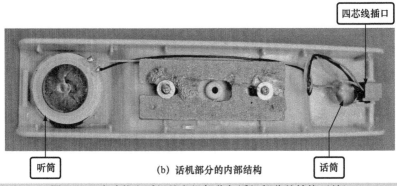

（b）话机部分的内部结构

听筒　　　话筒

四芯线插口

图10-4　多功能电话机的主机部分与话机部分的结构（续）

　　图10-5所示为普通电话机和无绳子母电话机的内部结构。从图中可以看出，普通电话机的内部结构较为简单，电路板数量较少，无绳子母电话机内部结构较为复杂，电路板上所用元器件较多。

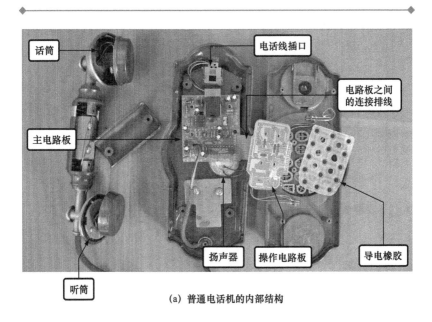

话筒

电话线插口

电路板之间的连接排线

主电路板

扬声器　　操作电路板　　导电橡胶

听筒

（a）普通电话机的内部结构

图10-5　普通电话机和无绳子母电话机的内部结构

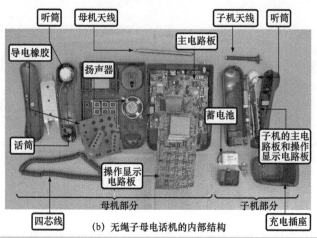

（b）无绳子母电话机的内部结构

图 10-5　普通电话机和无绳子母电话机的内部结构（续）

　　通常，电话机的电路部分主要是由主电路、显示电路和操作电路等构成的。

（1）主电路

　　主电路通常安装在电话机后壳上，是电话机的核心电路部分。电话机的大部分电路和关键元器件都安装在该电路板上，例如叉簧开关、匹配变压器、极性保护电路、振铃电路、通话电路等。图 10-6 所示为普通电话机主电路的结构。在该电路板上可以找到叉簧开关、极性保护电路、拨号芯片和振铃芯片等元器件。

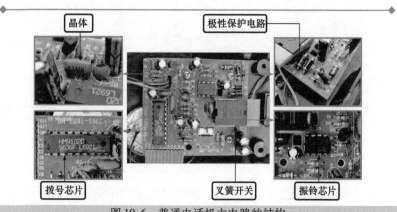

图 10-6　普通电话机主电路的结构

不同的电话机，其主电路的结构也不相同。图 10-7 所示为多功能电话机的主电路板。从该电路中可以找到叉簧开关、极性保护电路和匹配变压器等元器件。

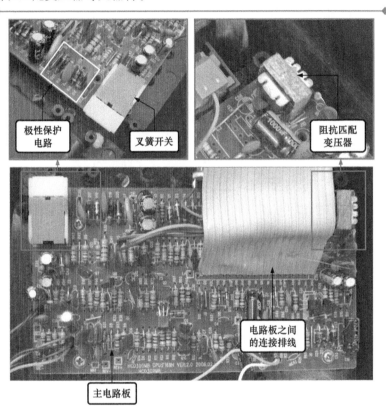

图 10-7　多功能电话机的主电路板

① 拨号电路

图 10-8 所示为典型的普通电话机的拨号电路。该电路主要是由拨号芯片 IC3（HM9102D）、G1 晶体以及操作按键等电路元器件构成。

在话机处于摘机状态下，由电话线路送来的信号经极性保护电路为拨号芯片提供启动信号，拨号芯片工作后，话机直流回路被接通，电路进入待拨号和通话状态。在挂机状态下，拨号芯片输出低电平，使电路进入休眠状态。

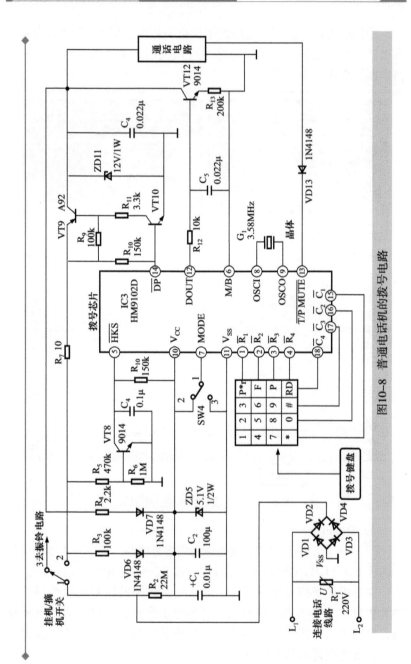

图10-8　普通电话机的拨号电路

② 振铃电路

振铃电路是主电路板中相对独立的电路单元，一般位于整个电路的前端，当有用户呼叫时，交换机产生交流振铃信号送入振铃芯片，该芯片工作后，输出高、低交替的信号电压，推动低阻抗扬声器发出振铃声。图 10-9 所示为典型普通电话机的振铃电路。由图可知，该电路主要是由叉簧开关 S、振铃芯片 IC1（C4003）、匹配变压器 T_1、扬声器 BL 以及前级整流电路 VD1 ~ VD4 等元器件构成的。

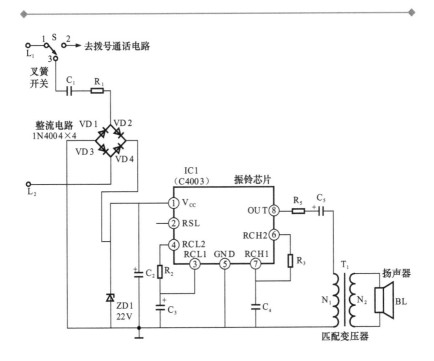

图 10-9　典型普通电话机的振铃电路

③ 通话电路

图 10-10 所示为典型多功能电话机的通话电路。由图可知，该电路主要是由听筒通话集成电路 IC201（TEA1062）、话筒 BM、听筒 BE 以及外围元器件等构成的。

当用户说话时，话音信号经话筒 BM 送到听筒通话集成电路中，经放大后，输出送往外线；接听对方声音时，外线送来的话音信号送入集成电路进行放大后，送至听筒 BE 发出声音。

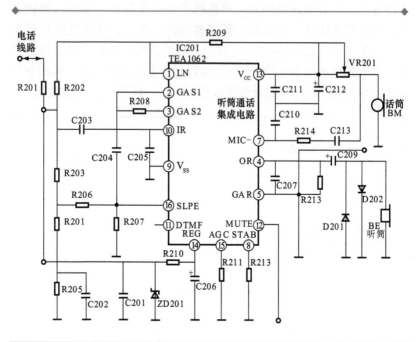

图 10-10　典型多功能电话机的通话电路

④ 免提通话电路

免提通话电路的功能是可以使电话机在不提起话机的情况下，按下免提功能键便可以进行通话或拨号。**图 10-11 所示为典型多功能电话机的免提通话电路**。由图可知，该电路主要是由免提通话集成电路（MC34018）、免提话筒 BM、扬声器 BL 以及外围元器件等构成的。

在免提通话状态下，用户说话时，话音信号经话筒 BM 送入免提通话集成电路中进行放大，并由该集成电路送往外线；接听对方声音时，外线送来的话音信号送入集成电路中，经其内部放大后输出，送至扬声器 BL 发出声音。

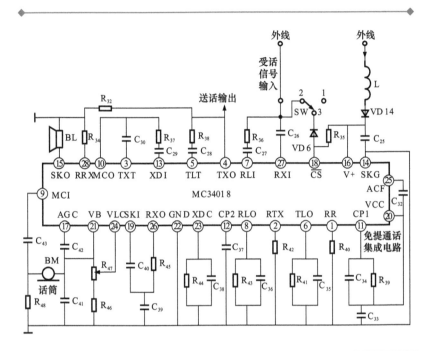

图 10-11　典型多功能电话机的免提通话电路

扩展

　　在多功能电话机的主电路板中，除上述提到的振铃电路、听筒通话电路、免提通话电路外，还包含其他的功能电路，如较常见的极性保护电路、自动防盗电路、来电显示电路等。

（2）显示电路

　　图 10-12 所示为多功能电话机的显示电路的结构，主要由液晶显示屏、拨号显示芯片（显示屏下方）、晶体、连接排线以及相关外围元件构成。

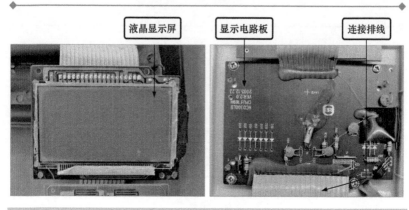

图 10-12　多功能电话机的显示电路的结构

将液晶显示屏与显示电路之间的卡扣撬开，抬起显示屏可以看到，在显示屏下方，即印制电路板的引脚侧安装有一个大规模集成电路（即拨号显示芯片），如图 10-13 所示。

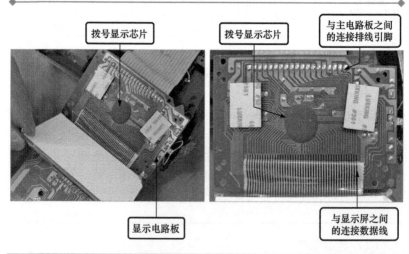

图 10-13　拨号显示芯片

该芯片通过数据排线与操作电路板、液晶显示屏以及主电路板进行数据传输，如图 10-14 所示。该芯片具有拨号、显示、计时、存储等功能。

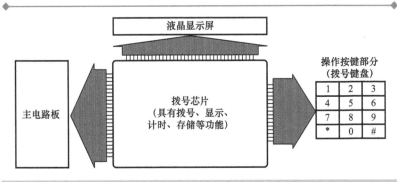

图 10-14　拨号芯片与内部连接示意图

扩展

　　拨号显示芯片的安装方式比较特殊，该器件损坏概率很小，若怀疑损坏很难进行检修只能直接更换显示电路板。而普通电话机中的拨号芯片与多功能电话机不同，普通电话机没有显示屏，因此其拨号芯片不具有显示、计时等功能，并且芯片采用双列直插的方式焊接在电路板，容易对其进行检修，如图10-15所示。

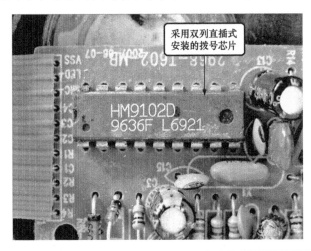

图 10-15　普通电话机中的拨号芯片

（3）操作电路板

图 10-16 所示为操作电路板和扬声器。操作电路板通常安装在电话机的前盖上，在操作电路板的正面可以看到许多按键的触点，扬声器安装在操作按键电路板的旁边。

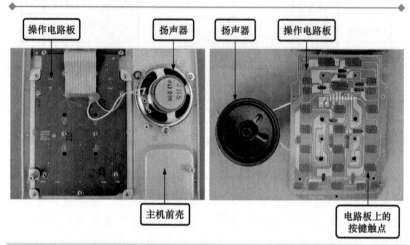

图 10-16　操作电路板和扬声器

图 10-17 所示为操作电路板的结构。电话机的操作电路板主要是由电路板、导电橡胶和操作按键等部分构成的，用户通过按压按键即可将人工指令传递给电话机。

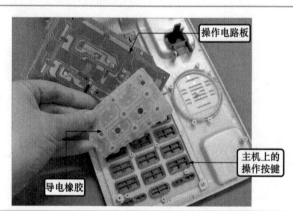

图 10-17　操作电路板的结构

扩展

在某些电话中，其操作电路和显示电路是设计在一块电路板上的，称之为操作显示电路板，图 10-18 所示为无绳子母电话机中的操作显示电路板。

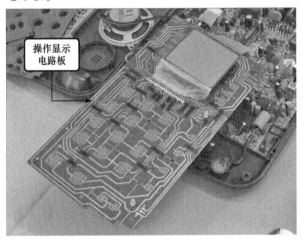

图 10-18　无绳子母电话机中的操作显示电路板

 2. 电话机的工作过程

（1）拨号电路信号流程

图 10-19 所示为典型多功能电话机的拨号电路信号流程。该电路是以拨号芯片 IC6（KA2608）为核心的电路单元，该芯片是一种多功能芯片，其内部包含有拨号控制、时钟及计时等功能。

由图可知，拨号芯片 IC6（KA2608）的㉝～㉸脚为液晶显示器的控制信号输出端，为液晶屏提供显示驱动信号；㉚脚外接的 D100 为 4.7 V 的稳压管，为液晶屏提供一个稳定的工作电压；⑭、⑮脚外接晶体 X2、谐振电容 C103、C104 构成时钟振荡电路，为芯片提供时钟信号。

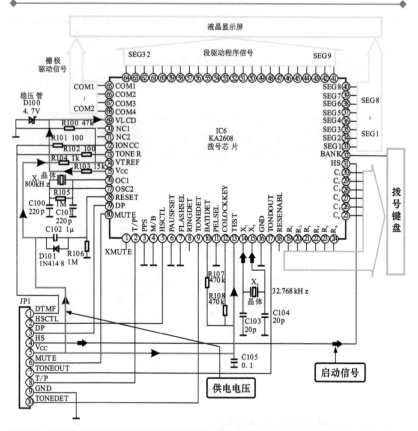

图 10-19　典型多功能电话机的拨号电路信号流程

IC6 (KA2608) 的⑲~㉚脚与操作按键电路板相连，组成 6×6 键盘信号输入电路，用于接收拨号指令或其他功能指令。

另外，IC6 (KA2608) 的㉛脚为启动端，该端经插件 JP1 的④脚与主电路板相连，用于接收主电路板送来的启动信号（电平触发）。

JP1 为拨号芯片与主电路板连接的接口插件，各种信号及电压的传输都是通过该插件进行的，例如主电路板送来的 5 V 供电电压，经 JP1 的⑤脚后，分为两路，一路直接送往 IC6 芯片的⑬脚，为其提供足够的工作电压；另一路经 R104 加到芯片 IC6 的㊐脚，经内部稳压处理，从其㊕脚输出，经 R103、D100 后为显示屏提供工作电压。

除此之外，IC6 芯片的⑦、⑥脚和晶体 X1（800 kHz）、R105、C100、C101 组成拨号振荡电路，工作状态由其③脚的启动电路进行控制。

（2）振铃电路信号流程

图 10-20 所示为典型多功能电话机的振铃电路。

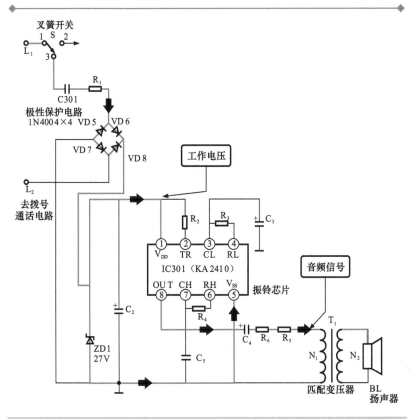

图 10-20　典型多功能电话机的振铃电路

当有用户呼叫时，交换机产生交流振铃信号经外线（L_1、L_2）送入电路中。在未摘机时，叉簧开关触点接在 1→3 触点上，振铃信号经电容器 C301 后耦合到振铃电路中，再经限流电阻器 R_1、极性保护电路 VD5 ~ VD8、C_2 滤波以及 ZD1 稳压后，加到振铃芯片 IC301 的①、⑤脚，为其提供工作电压。

当 IC301 获得工作电压后，其内部振荡器起振，由一个超低频振荡器控制一个音频振荡器，并经放大后由⑧脚输出音频信号，经耦合电容 C_4、R_6 后，由匹配变压器 T_1 耦合至扬声器发出铃声。

扩展

极性保护电路 VD5～VD8 结构与桥式整流电路相同，在该类电路中其作用主要是将极性不稳定的直流电压变为稳定的直流电压，其原理与桥式整流电路不同。

（3）通话电路信号流程

图 10-21 所示为典型普通电话机中通话电路的受话电路部分。可以看到，该电路主要是由两级直接耦合放大器（VT6、VT7）、听筒 BE 以及外围元器件构成的。

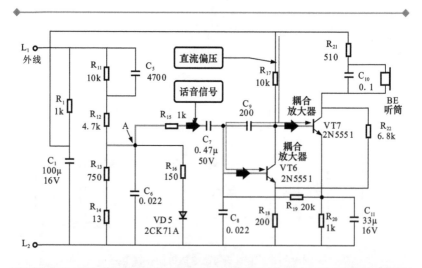

图 10-21 通话电路的受话电路部分

通话时，外线上的高电位经 R_{17} 加到 VT7 的基极，为 VT6、VT7 提供直流偏压，使之处于放大状态。此时，来自用户电话线上的话音信号经输入电路后，由电容器 C_7 耦合到晶体管 VT6 基极，经 VT6、VT7 两级放大后送到听筒，由听筒将该电信号还原为声音信号，发出声音。

该电路中，R_{16}、VD5 组成自动音量调节电路，当通话话机的距离较近时，线路电阻减小，供电电流增大，电路中 R_{15} 前端 A 点的电压上升，使 VD5 导通，R_{16} 对话音信号分流，避免受话量过大；当话机距离较远时，线路电阻增大，供电电流减小，A 点处电压降低，VD5 截止，R_{16} 不对话音信号进行分流，使受话音量不会过低，从而达到自动音量调节的目的。

图 10-22 所示为典型普通电话机中通话电路的送话电路部分。可以看到，该电路主要是由两级直接耦合放大器（VT1、VT4）、话筒 BM 以及外围元器件构成的。

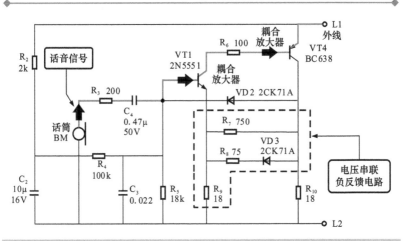

图 10-22　通话电路的送话电路部分

声音信号经话筒后转换为电信号，经电阻器 R_3、电容器 C_4 耦合至放大器 VT1 基极，经 VT1、VT4 两级放大后，由 VT4 发射极输出，送至外线路中。同时外线路 L_1 端又是放大器的供电电源。

该电路中，R_9 和 R_8、R_7、VD3 构成电压串联负反馈电路，具有自动音量控制功能。当话筒输出的信号很强时，VD3 导通，负反馈信号加强，使输出减小；当输出信号较弱时，VD3 截止，负反馈信号减弱，使输出信号不会减小很多，从而使输出信号基本稳定，起到自动音量控制的作用。

10.1.2　万用表对电话机的检测应用

1. 拨号电路的测量部位

电话机出现不能拨号、部分按键不能拨号等故障时，说明拨号电路出现故障。不能拨号常见的原因有拨号芯片供电不良；时钟晶体引脚脱焊或损坏、拨号按键不正常；而部分按键不能拨号多为字键构件损坏，如导电橡胶老化、不清洁、脱落等。

若发现电话出现上述现象，可使用万用表对拨号芯片、晶体以及导电橡胶这几部分进行检测，确定故障部位进行维修。图 10-23 所示为拨号电路的关键检测部位。

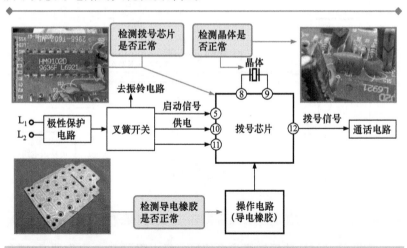

图 10-23　拨号电路的关键检测部位

2. 振铃电路的测量部位

电话机振铃电路是比较容易出现故障的部位。该电路出现故障主要表现为来电振铃异常，例如：无振铃音、振铃时断时续、振铃声音异常、振铃失真等。无振铃常见的故障原因有极性保护电路中有二极管短路、振铃芯片内部短路等；振铃声音异常常见的故障原因有振铃电路匹配变压器初级和次级绕组线圈短路、振铃芯片性能不良等；振铃失真常见的故障原因有：振铃芯片外围晶体虚焊或短路、振铃芯片内部超低频振荡器直流供电滤波失效、振铃芯片性能不良等。

电话机出现振铃异常时，可使用万用表对叉簧开关、极性保护电路、振铃芯片、匹配变压器等关键元器件及其相关外围元器件进行检测，查找故障点，图10-24所示为振铃电路的关键检测部位。

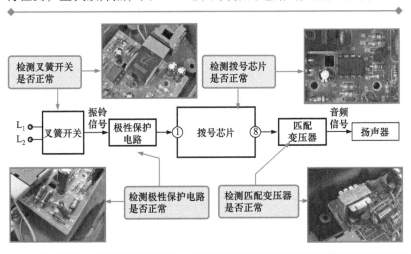

图10-24　振铃电路的关键部位

3. 通话电路的测量部位

通话电路一般包括话机通话电路和免提通话电路。该电路常见的故障现象主要表现为无送话或无受话、送、受话均无、免提功能失效、受、送话音小等。通话出现异常多为通话集成电路部分损坏、话筒或听筒不良造成的；免提功能失效则多为免提通话集成电路及其外围元器件损坏、送话和受话公共电路不良造成的。

电话机出现通话异常或免提功能异常时，可使用万用表对通话集成电路、免提通话集成电路、话机部分（听筒和话筒）和扬声器等进行检测，查找故障部位。图10-25所示为通话电路的关键检测部位。

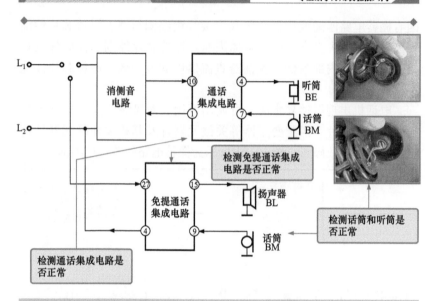

图 10-25　通话电路的关键部位

10.2　万用表检测电话机的训练

10.2.1　万用表检测拨号电路

万用表检测拨号电路，主要是对该电路中的拨号芯片、晶体以及导电橡胶等关键元器件进行检测，判断损坏部位。

 1. 拨号芯片的检测

拨号芯片是拨号电路中的核心器件。它是实现将操作按键的输入信号转换为交换机可识别的直流脉冲信号（DP）或双音频信号（DTMF）的关键部件。

检测拨号芯片时，首先需要了解拨号芯片各引脚功能，然后在通电状态下检测其关键引脚的参数值，例如供电电压、启动端的高低电平变化等。图 10-26 为拨号芯片 HM9102D 的引脚功能图。

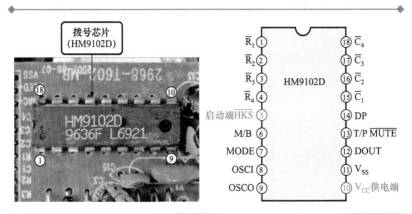

图 10-26　拨号芯片 HM9102D 的引脚功能图

（1）使用万用表检测拨号芯片 HM9102D 的⑩脚供电电压。将万用表调至直流 10 V 电压档，黑表笔搭在接地端（⑪脚），红表笔搭在供电端（⑩脚），正常情况下，拨号芯片 HM9102D 的⑩脚供电电压应为 2 ~ 5.5 V，如图 10-27 所示。

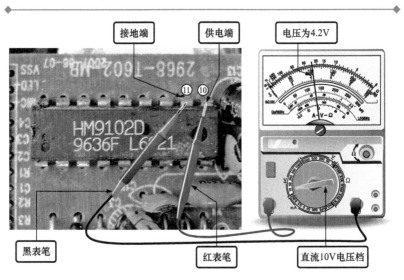

图 10-27　拨号芯片 HM9102D 的⑩脚电压

（2）使用万用表对拨号芯片 HM9102D 的⑤脚输入的高、低电平变化量进行检测。将万用表调至直流50 V 电压档，黑表笔搭在接地端（⑪脚），红表笔搭在启动端（⑤脚），在挂机状态下，⑤脚为低电平；在摘机状态下，⑤脚为高电平，如图10-28 所示。

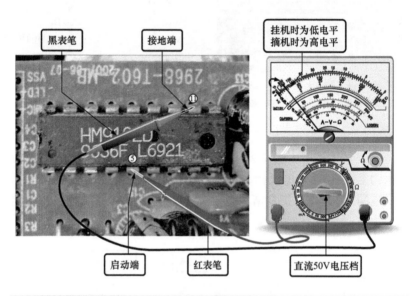

图10-28　检测⑤脚电压

（3）使用万用表对拨号芯片 HM9102D 各引脚对地阻值进行检测。将万用表调至"R×1 k"电阻档，黑表笔搭在接地端（⑪脚），红表笔搭在芯片各引脚上，可检测出芯片各引脚的正向对地阻值，将红、黑表笔对换，红表笔搭在接地端（⑪脚），黑表笔搭在芯片各引脚上，可检测出芯片各引脚的反向对地阻值，如图10-29 所示。

拨号芯片 HM9102D 各引脚对地阻值，可参见表10-1 所列。若芯片的各引脚对地阻值与正常值偏差较大，并且供电电压正常，说明该芯片已损坏，需要对其进行更换。

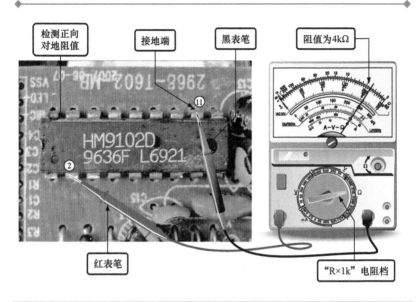

图 10-29　检测②脚电压

表 10-1　拨号芯片 HM9102D 各引脚的对地阻值　　（单位：kΩ）

引脚号	正向对地阻值 （黑表笔接地）	反向对地阻值 （红表笔接地）	引脚号	正向对地阻值 （黑表笔接地）	反向对地阻值 （红表笔接地）
①	4	3.5	⑩	3.5	7.5
②	4	3.5	⑪	0	0
③	4.5	3.5	⑫	4.5	0
④	4.5	3.5	⑬	1	0.5
⑤	4.5	1	⑭	5	∞
⑥	0	0	⑮	4.5	9
⑦	0	0	⑯	5	9
⑧	4.5	3.5	⑰	4.5	9
⑨	5	7.5	⑱	4.5	9

扩展

多功能电话机中的拨号芯片多采用大规模集成电路，对该类电路进行检测时，由于无法准确确认其引脚，一般可通过检测拨号芯片与其他电路板连接的排线引脚进行检测来判断。图10-30所示为排线引脚的检测点。

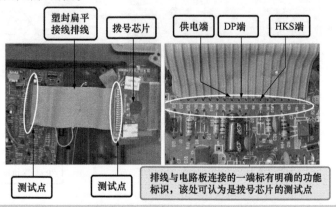

图 10-30　排线引脚的检测点

将万用表调至直流10 V电压档，黑表笔搭在接地端，红表笔搭在供电端，正常情况下，拨号芯片供电电压应为3.6 V，如图10-31所示。其DP端电压为0.35 V、HKS端电压为2.5 V。

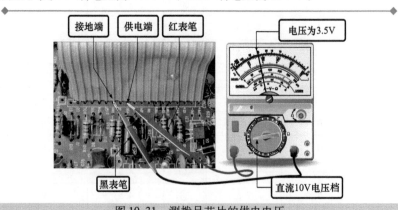

图 10-31　测拨号芯片的供电电压

2. 晶体的检测

晶体是拨号芯片的时钟振荡器，其振荡频率一般为 3.58 MHz，为拨号芯片提供晶振信号。使用万用表检测晶体时，一般可采用在路测量晶体两个引脚的电压值，来判断其是否损坏。

将万用表调至直流 10 V 电压档，黑表笔搭在接地端（电解电容器的负极），红表笔分别搭在晶体的两个引脚上，正常情况下，可检测到 1.1 V 的电压，如图 10-32 所示。

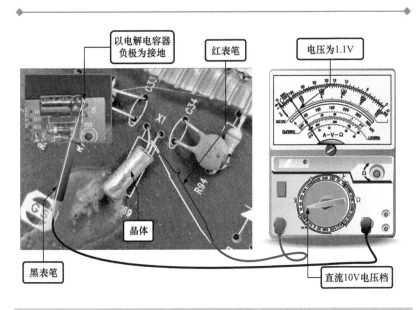

图 10-32　检测拨号芯片的晶体

3. 导电橡胶

导电橡胶是操作电路板上的主要部件，有弹性胶垫的一侧与操作按键相连，有导电圆片的一侧与操作按键印制电路板相连，每一个导电圆片对应印制板上的一个接点。检查导电橡胶是否正常，可使用万用表测量导电圆片任意两点间的电阻值来判断；此外，若导电橡胶出现发粘或变形现象，说明导电橡胶已老化需要进行更换。

将万用表调至"R×10"电阻档，红、黑表笔任意搭在一个导电圆片上，正常情况下，可检测到 40Ω 左右的阻值，如图 10-33 所示。若检测出的阻值超过 200 Ω，说明导电圆片已失效。

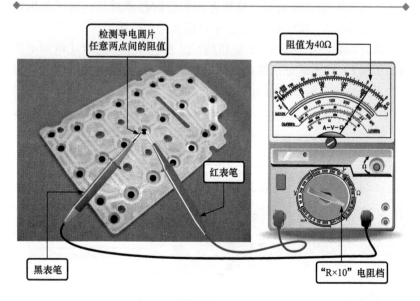

图 10-33　检测导电橡胶

10.2.2　万用表检测振铃电路

万用表检测振铃电路，主要是对该电路中的叉簧开关、极性保护电路、振铃芯片、匹配变压器和扬声器等关键元器件进行检测，判断损坏部位。

 1. 叉簧开关的检测

叉簧开关即挂机键，是实现通话电路和振铃电路与外线的接通、断开转换功能的器件。图 10-34 所示为叉簧开关背部引脚及其连接关系。

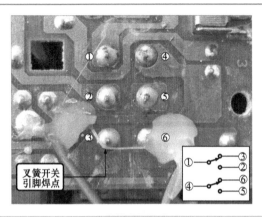

图 10-34 叉簧开关背部引脚及其连接关系

（1）在摘机状态下，使用万用表对其①、③脚和①、②脚之间的阻值进行检测。将万用表调至"R×1"电阻档，红、黑表笔先搭在①、③脚上，检测①、③脚之间阻值，如图 10-35 所示；再将红、黑表笔搭在①、②脚上，检测①、②脚之间阻值。正常情况下，①、③脚间阻值为 0 Ω，①、②脚间阻值为无穷大。

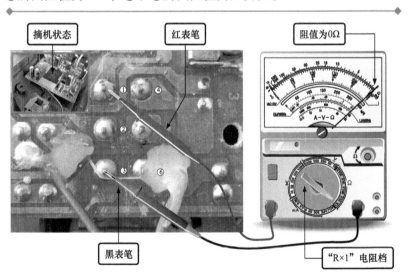

图 10-35 检测叉簧开关摘机时①③脚间的电压

（2）在挂机状态下，使用万用表对其①、③脚和①、②脚之间的阻值进行检测。将万用表调至"R×1"电阻档，红、黑表笔先搭在①、③脚上，检测①、③脚之间阻值；再将红、黑表笔搭在①、②脚上，检测①、②脚之间阻值，如图 10-36 所示。正常情况下，①、③脚间阻值为无穷大，①、②脚间阻值为0Ω。

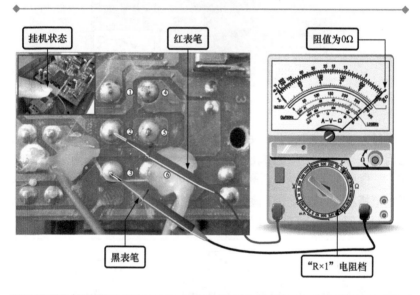

图 10-36　检测叉簧开关挂机时②③脚间的电压

 2. 极性保护电路的检测

对极性保护电路进行检测，可使用万用表分别对叉簧开关附近的四只二极管进行检测，通过检测二极管正反向阻值的方法进行判断。

（1）使用万用表对二极管进行检测，将万用表调至"R×1k"欧姆档，黑表笔搭在二极管正极，红表笔搭在二极管负极，检测二极管的正向阻值，正常情况下，可测得正向阻值为 4 kΩ，如图 10-37 所示。

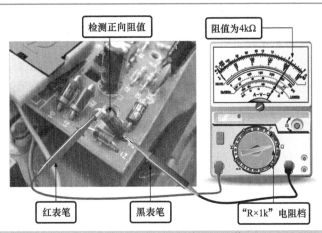

检测正向阻值　　　　阻值为4kΩ

红表笔　　　黑表笔　　　"R×1k"电阻档

图 10-37　检测二极管正向阻值

（2）将红、黑表笔对换，黑表笔搭在二极管负极，红表笔搭在二极管正极，检测二极管的反向阻值，正常情况下，可测得反向阻值为31kΩ，如图 10-38 所示。

若实际检测结果与正常值偏差很大，或出现为零的情况，则多为二极管损坏，需要选择相同规格参数和型号的二极管对其进行更换。

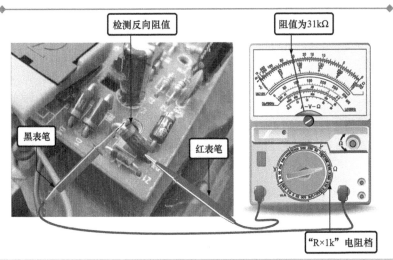

检测反向阻值　　　　阻值为31kΩ

黑表笔　　　　红表笔

"R×1k"电阻档

图 10-38　检测二极管反向阻值

3. 振铃芯片的检测

检测振铃芯片时，可使用万用表检测芯片各引脚的电压，来判断芯片是否损坏。但此方法需要给芯片输送振铃信号，即向电话机拨号。如图10-39所示，为振铃芯片KA2411的内部结构及引脚功能。

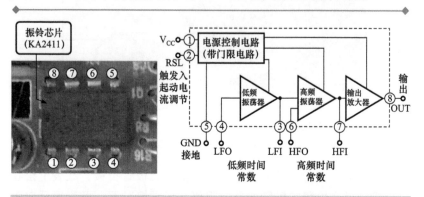

图10-39　振铃芯片KA2411的内部结构及引脚功能

（1）用架子夹住叉簧开关，使其处于挂机状态，将电话线插入电话机接口中，然后拨打该电话机的电话号码，如图10-40所示。

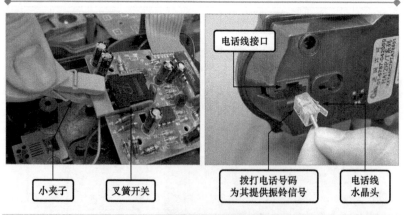

图10-40　挂机状态下拨打该电话机号码

（2）使用万用表检测振铃芯片KA2411各引脚的电压值。将万用表调至直流50 V档，黑表笔搭在接地端（⑤脚）上，红表笔分别搭在芯片各引脚上，可检测到各引脚的电压值，如图 10-41 所示。

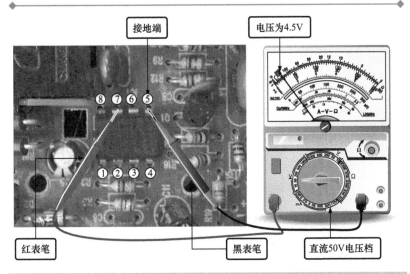

图 10-41 检测振铃芯片 KA2411 各引脚电压

振铃芯片 KA2411 各引脚的电压值，见表 10-2。若实际检测结果与正常值偏差较大，则多为振铃芯片本身损坏。

表 10-2 振铃芯片 KA2411 各引脚的参考电压值 （单位：V）

引脚号	参考电压	引脚号	参考电压	引脚号	参考电压	引脚号	参考电压
①	25	③	3.5	⑤	0	⑦	4.5
②	5	④	4	⑥	4.5	⑧	12

提示

对于一些无法找到引脚参考电压的芯片，可以采用对比法进行检测，也就是说找一台与待测芯片相同的性能良好的电话机先进行检测，以此作为参考数值。

检测振铃芯片时，若无法为其提供振铃信号，还可以在断电条件下检测振铃芯片各引脚的正、反向对地阻值来判断其好坏。正常情况下振铃芯片（KA2411）各引脚的对地阻值见表 10-3 所列，该数值可作为检测时的重要参考依据。

表 10-3　振铃芯片 KA2411 各引脚的正、反向对地阻值

（单位：kΩ）

引脚号	正向阻值 （黑笔接地）	反向阻值 （红笔接地）	引脚号	正向阻值 （黑笔接地）	反向阻值 （红笔接地）
①	9.5	6	⑤	0	0
②	11.2	2.3	⑥	9	3
③	11.2	18	⑦	9.5	9.5
④	9.5	2.5	⑧	9.1	4

 4. 匹配变压器的检测

匹配变压器通常位于振铃电路中扬声器的前一级电路中，用于将振铃信号进行阻抗匹配，再去驱动扬声器发出铃声。匹配变压器是多功能电话机中较重要的元件之一，若该部件损坏，将引起振铃不响的故障。

（1）对匹配变压器进行检修，可使用万用表对其初级绕组、次级绕组以及两者之间的阻值进行检测，来判断其是否损坏。

将万用表调至"R×10"电阻档，红、黑表笔任意搭在初级绕组引脚上，可检测到初级绕组阻值为 4 Ω，如图 10-42 所示。

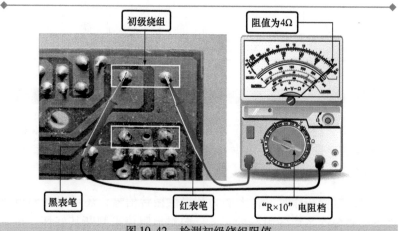

图 10-42　检测初级绕组阻值

（2）将红、黑表笔任意搭在次级绕组引脚上，可检测到次级绕组阻值为140Ω，如图10-43所示。

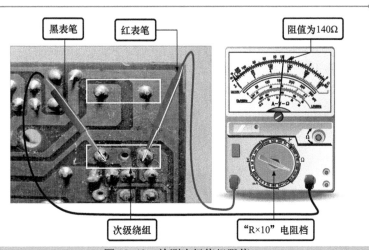

图10-43　检测次级绕组阻值

（3）将红表笔搭在初级绕组上，黑表笔搭在次级绕组上，检测初级绕组和次级绕组是否有短路情况，正常情况下，阻值应为无穷大，如图10-44所示。

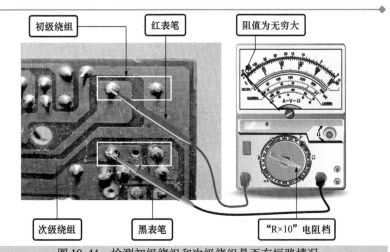

图10-44　检测初级绕组和次级绕组是否有短路情况

正常情况下，测得匹配变压器初级绕组的阻值为4Ω，次级绕组的阻值为140Ω，初级和次级之间为无穷大；若实测结果与上述情况不符，则多为变压器损坏，需对其进行更换。

 5. 扬声器的检测

扬声器常作为一个较独立的部件通过连接引线与电路板相连接。检测扬声器时，一般使用万用表电阻档检测其两个电极间的阻值来判断好坏。

将万用表调至"R×1"电阻档，红、黑表笔搭在扬声器的两引脚上，可检测出4Ω左右的阻值，如图10-45所示，但该扬声器的标称值为8Ω，为防止受外围电路的影响，将扬声器拆下后再对其进行开路检测，可测得阻值为8Ω。若在路和开路阻值都不正常，说明该扬声器已损坏。

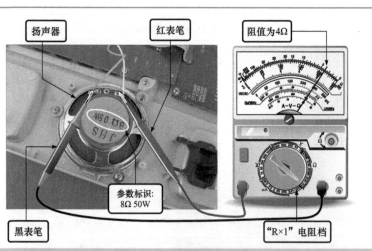

图10-45　在路检测扬声器

10.2.3　万用表检测通话电路

万用表检测通话电路，主要是对该电路中的通话集成电路、免提通话集成电路、话筒、听筒等关键元器件进行检测，判断损坏部位。

1. 通话集成电路的检测

通话集成电路是一种双极型集成电路，可以实现电话机所需的全部通话和线路接口功能。图 10-46 为通话集成电路 TEA1062 的引脚功能图。

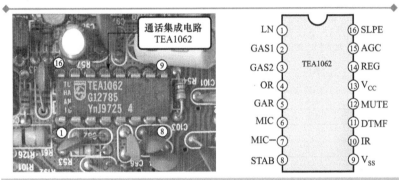

图 10-46   通话集成电路 TEA1062 的引脚功能图

对通话集成电路 TEA1062 的检修，可使用万用表检测其各引脚的对地阻值，来判断其是否损坏。将万用表调至"R×1 k"电阻档，黑表笔搭在接地端（⑨脚），红表笔搭在其余各引脚上，检测通话集成电路各引脚的正向对地阻值，如图 10-47 所示。然后，对调表笔，检测通话集成电路各引脚的反向对地阻值。

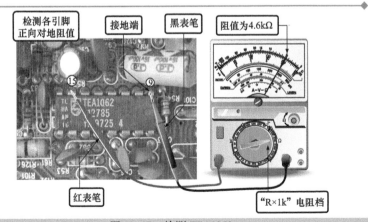

图 10-47   检测 TEA1062

正常情况下，测得通话集成电路 TEA1062 各引脚的对地阻值，参见表 10-4 所列。若实测结果与表格中数据相差较大，则多为集成电路损坏，应用同规格同型号集成电路进行更换。

表 10-4　通话集成电路 TEA1062 各引脚的对地阻值　　　　（单位：kΩ）

引脚号	正向对地阻值（黑表笔接地）	反向对地阻值（红表笔接地）	引脚号	正向对地阻值（黑表笔接地）	反向对地阻值（红表笔接地）
①	4	10	⑨	0	0
②	4.4	11.2	⑩	4.5	11.5
③	4.4	12.5	⑪	4.6	11.9
④	4.4	7	⑫	4.4	12.2
⑤	4.4	12.8	⑬	3.6	9
⑥	4.6	11.5	⑭	4.2	12.8
⑦	4.6	11.8	⑮	4.6	13
⑧	3.2	3.3	⑯	0	0

2. 免提通话集成电路的检测

免提通话集成电路是一种用于高质量免提扬声器电话系统的集成芯片，其内部包括话筒放大器、扬声器功放、送话和受话衰减器、背景噪声检测系统及衰减控制系统等，应用十分广泛。图 10-48 为免提通话集成电路 CSC34018CP 的引脚功能图。

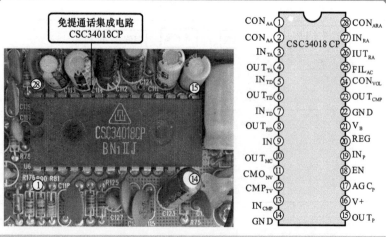

图 10-48　免提通话集成电路 CSC34018CP 的引脚功能图

免提通话集成电路的好坏，也可通过万用表检测引脚对地阻值的方法进行判断。将万用表调至"R×1 k"电阻档，黑表笔搭在接地端（脚），红表笔分别搭在其余各引脚上，检测通话集成电路各引脚的正向对地阻值，如图10-49所示。然后，对调表笔，检测免提通话集成电路各引脚的反向对地阻值。

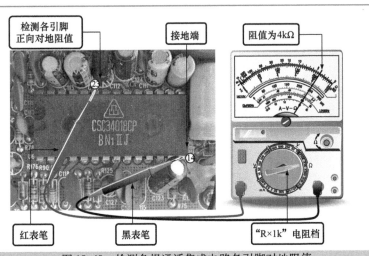

检测各引脚正向对地阻值　接地端　阻值为4kΩ

红表笔　黑表笔　"R×1k"电阻档

图10-49　检测免提通话集成电路各引脚对地阻值

正常情况下，测得免提通话集成电路 CSC34018CP 各引脚的对地阻值，参见表10-5所列。若实测结果与表格中相差较大，则多为集成电路损坏，应用同规格同型号集成电路进行更换。

表10-5　免提通话集成电路 CSC34018CP 各引脚的对地阻值

（单位：kΩ）

引脚号	正向对地阻值（黑表笔接地）	反向对地阻值（红表笔接地）	引脚号	正向对地阻值（黑表笔接地）	反向对地阻值（红表笔接地）
①	4	11	⑥	4.2	6
②	4.2	12	⑦	4.2	∞
③	4	5.2	⑧	4.2	6.3
④	4	5.4	⑨	3.7	5.2
⑤	4	∞	⑩	3.7	9

（续）

引脚号	正向对地阻值（黑表笔接地）	反向对地阻值（红表笔接地）	引脚号	正向对地阻值（黑表笔接地）	反向对地阻值（红表笔接地）
⑪	3.9	8.8	⑳	3	6.6
⑫	4	5.9	㉑	21.5	1.8
⑬	4.2	∞	㉒	0	0
⑭	0	0	㉓	4	6
⑮	3.5	3.6	㉔	2.3	2.5
⑯	3.3	21.5	㉕	3.5	8.5
⑰	3.8	14	㉖	4	7.3
⑱	4	68	㉗	4	5.6
⑲	3.7	6.5	㉘	4	10.5

 3. 听筒和话筒的检测

听筒是实现电话机中电/声转换的器件。它将电话机通话电路处理后输出的电信号还原为声音信号；话筒则是实现声/电转换的器件。它将说话人的声音信号转换为电信号，经通话电路处理后送往外线。

当电话机受话不良时，可使用万用表对听筒的阻值进行检测。将万用表调至"R×1"电阻档，红、黑表笔搭在听筒的引脚上，检测其阻值，如图 10-50 所示。

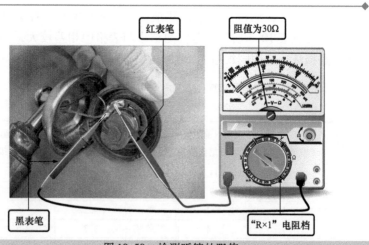

红表笔   阻值为30Ω

黑表笔   "R×1"电阻档

图 10-50   检测听筒的阻值

正常情况下，应可以测得一定阻值（实测为 30 Ω），如果所测得的阻值为零或者为无穷大，则说明听筒已损坏，需要更换。

提示

　　如果听筒性能良好，在检测时，用万用表的一只表笔接在听筒的一个端子上，当另一只表笔触碰听筒的另一个端子时，听筒会发出"咔咔"声，如果听筒损坏，则不会有声音发出的情况。

当电话机送话不良时，可使用万用表对话筒的阻值进行检测。将万用表调至"R×10"电阻档，红、黑表笔搭在话筒的引脚上，检测其阻值，如图 10-51 所示。

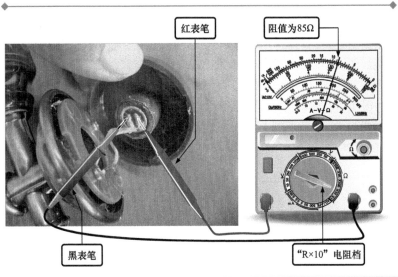

红表笔

阻值为85Ω

黑表笔

"R×10"电阻档

图 10-51　检测话筒的阻值

正常情况下，应可以测得一定阻值（实测为 85 Ω），如果所测得的阻值为零或者为无穷大，则说明话筒已损坏，需要更换。

第 11 章
万用表检修洗衣机的应用训练

11.1 万用表在洗衣机检修中的应用

11.1.1 洗衣机的结构原理

 1. 洗衣机的结构

洗衣机是一种对衣物进行清洗的家电产品，是典型的机电一体化设备。通过相应的控制按钮，控制电动机的起、停运转，从而带动洗衣机波轮的转动，进而带动水流旋转，最终完成洗衣工作，图 11-1 所示为典型洗衣机的整机结构。一般来说，洗衣机主要是由进水电磁阀、水位开关、排水器件、程序控制器、操作显示面板、主控电路、洗涤电动机组件、安全门装置、加热器及温度控制器等构成的。

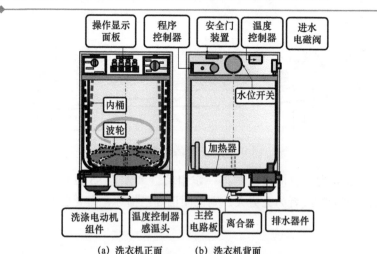

(a) 洗衣机正面   (b) 洗衣机背面

图 11-1　典型洗衣机的整机结构

（1）进水电磁阀

进水电磁阀是用于对洗衣机进行自动注水和自动停止注水的部件，通常安装在洗衣机的进水口处，图11-2所示为进水电磁阀的安装位置。

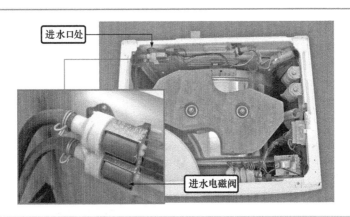

进水口处

进水电磁阀

图11-2　进水电磁阀的安装位置

进水电磁阀主要是由电磁线圈、出水口和进水口等组成。通过控制电磁线圈，控制铁芯的运动，从而实现对进水阀的控制，达到控制进水的目的，图11-3所示为典型进水电磁阀实物外形。

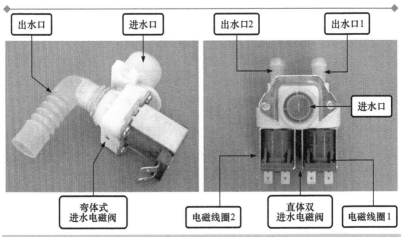

出水口　　进水口　　　　出水口2　　出水口1

进水口

弯体式进水电磁阀　　电磁线圈2　直体双进水电磁阀　电磁线圈1

图11-3　典型进水电磁阀实物外形

　　通过控制进水电磁阀可以实现对洗衣机自动注水和自动停止注水。通过水位开关将检测到的水位信号送给程序控制器，进而控制进水电磁阀的通、断电。

　　（2）水位开关

　　水位开关是用于检测洗衣机水位的部件，通过检测洗衣机内部的水量，控制洗衣机进水功能的启停，通常安装在洗衣机的上部，图11-4所示为水位开关的安装位置。水位开关分为单水位开关和多水位开关两种，如图11-5所示。单水位开关主要应用在波轮式洗衣机中，而多水位开关主要应用在滚筒式洗衣机中。

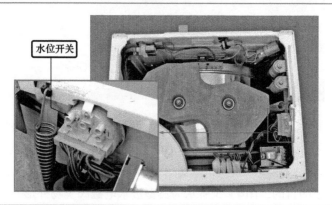

图11-4　水位开关的安装位置

　　图11-5所示为水位开关的种类及实物外形。

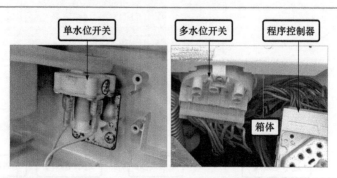

图11-5　水位开关的种类及实物外形

（3）排水器件

排水器件用于把洗衣机的水进行自动排放，由水位开关检测洗衣机内部水量后，控制排水器件的启停工作。排水器件有排水泵、电磁牵引式排水阀和电动机牵引式排水阀三种，都是安装在洗衣机的底部，图11-6所示为排水器件的安装位置。

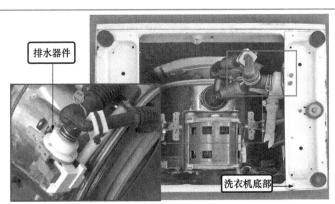

图11-6　排水器件的安装位置

①排水泵

排水泵是由风扇、定子铁心、叶轮室盖、线圈和接线端等构成，由这些器件相互作用实现排水泵的排水功能，图11-7所示为排水泵实物外形。

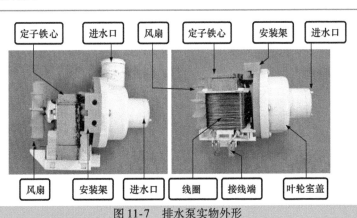

图11-7　排水泵实物外形

②电磁牵引式排水阀

电磁牵引式排水阀是由电磁铁牵引器和排水阀组成的，通过电磁牵引器控制排水阀的工作状态，实现排水功能，图11-8所示为电磁牵引式排水阀实物外形。

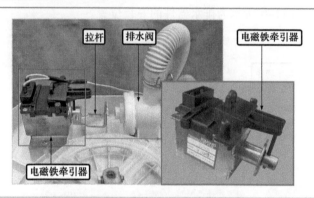

图 11-8　电磁牵引式排水阀实物外形

③电动机牵引式排水阀

电动机牵引式排水阀是由牵引器和排水阀组成的，通过电动机旋转力矩来控制排水阀的工作状态，实现排水功能，图11-9所示为电动机牵引式排水阀实物外形。

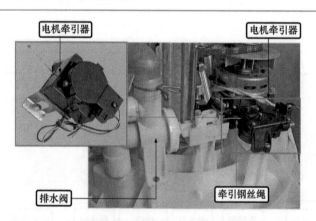

图 11-9　电动机牵引式排水阀实物外形

（4）程序控制器

程序控制器是用于设定洗衣机工作模式的部件，可将人工指令传送给洗衣机的主控电路，使洗衣机工作，通常安装在操作显示面板的后面，图 11-10 所示为程序控制器的安装位置。

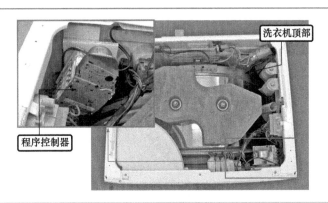

图 11-10　程序控制器的安装位置

程序控制器由同步电动机、定时控制轴、连接插件及其内部的凸轮齿轮组构成，通过旋转定时控制轴带动程序控制器工作，实现对洗衣机的控制功能。

图 11-11 所示为程序控制器实物外形。

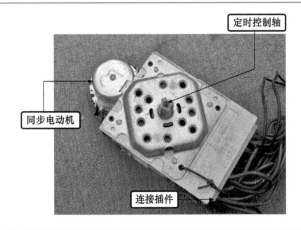

图 11-11　程序控制器实物外形

（5）主控电路

主控电路是洗衣机的核心控制部件，由其内部的微处理器控制该电路的工作。主控电路通常安装在洗衣机的底部，图 11-12 所示为主控电路的安装位置。主控电路工作时，通过程序控制器（或操作显示电路）可以为微处理器输入人工指令，微处理器收到人工指令后，根据程序输出控制信号，对洗涤电动机、进水电磁阀和排水泵等部件进行控制，使之协调动作完成洗涤工作。

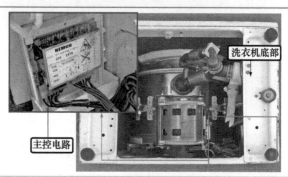

图 11-12　主控电路的安装位置

图 11-13 所示为主控电路的外形结构，主控电路中易引起其损坏的主要元器件有晶体、微处理器（IC1）、稳压二极管和水泥电阻，检查这些元件是否正常，可判断主控电路是否出现故障。

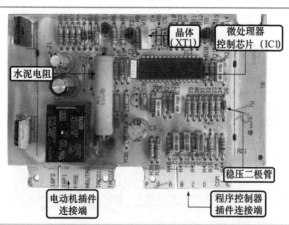

图 11-13　主控电路的外形结构

（6）洗涤电动机

洗涤电动机是洗衣机的动力源，用于带动洗衣机的波轮运转，以实现洗衣机的洗涤功能。洗涤电动机有单相异步电动机、电容运转式双速电动机两种，且通常安装在洗衣机的底部，图11-14所示为洗涤电动机的安装位置。

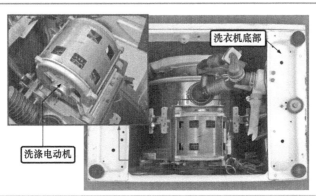

图11-14　洗涤电动机的安装位置

①单相异步电动机

单相异步电动机由带轮、风叶轮、铁心、连接引脚等组成，通过起动电容器起动后，开始工作，实现洗衣机的洗涤功能，图11-15所示为单相异步电动机外形结构。

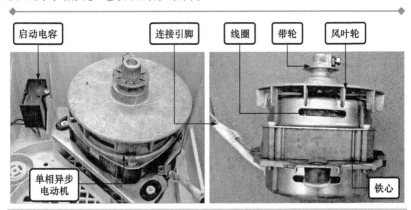

图11-15　单相异步电动机外形结构

②电容运转式双速电动机

电容运转式双速电动机由外壳、绕组、接线端和过热保护器等构成，通过起动电容器起动后，开始工作，实现洗衣机的洗涤功能，图11-16所示为电容运转式双速电动机外形结构。

图11-16 电容运转式双速电动机外形结构

（7）起动电容器

起动电容器用于控制洗涤电动机的起停工作，通过起动电容器将起动电流加到洗涤电动机的起动绕组上进行起动，图11-17所示为起动电容器的外形结构。

图11-17 起动电容器的外形结构

（8）安全门装置

安全门装置在洗衣机通电状态下，可起到安全保护的作用，也可以直接控制电动机的电源，图11-18所示为安全门装置的安装位置及外形结构。

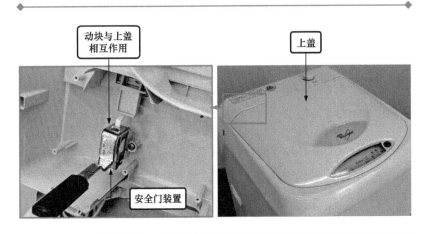

图11-18　安全门装置的安装位置及外形结构

提示

安全门装置通常安装在洗衣机围框的后面，受控于洗衣机的上盖。当上盖关闭的时候，动块与上盖相互作用。若上盖打开，动块与上盖撤销作用。

（9）加热器及温度控制器

加热器及温度控制器用于对洗涤液进行加热控制，通常安装在洗衣机背部的下方，图11-19所示为加热器及温度控制器的安装位置。加热器用于对洗涤液进行加热，提高洗衣机的洗涤效果，且由温度控制器控制加热的温度。

图 11-19   加热器及温度控制器的安装位置

图 11-20 所示为加热器及温度控制器的实物外形。

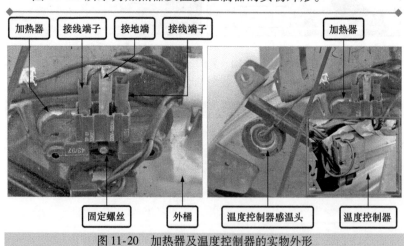

图 11-20   加热器及温度控制器的实物外形

（10）操作显示电路

操作显示电路是用于对洗衣机进行人工指令输入和工作状态显示的，通常安装在洗衣机的操作面板上，图 11-21 所示为操作显示电路的安装位置。在操作显示电路中，除了有操作按钮、指示灯外，还有与其他部件的连接接口等部件。

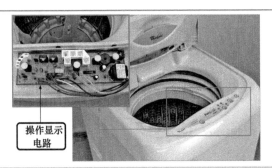

图 11-21　操作显示电路的安装位置

图 11-22 所示为操作显示电路的实物外形，用万用表检测操作显示电路板时，可重点检测操作显示电路中连接接口的电压值，（通常，进水电磁阀端电压为交流 220V、安全门装置接口端电压为直流 5V、水位开关接口端电压为直流 5V、排水泵接口端电压为交流 220V、洗涤电动机接口端为 380V 间歇供电电压）。

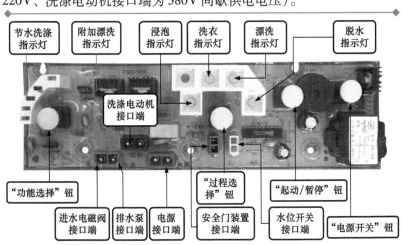

图 11-22　操作显示电路的实物外形

 2. 洗衣机的信号流程

洗衣机中的主要部件与众多电子元器件相互连接组合形成单元电路（或功能电路）。工作时，各单元电路（功能电路）相互配合协调工作，图 11-23 所示为典型洗衣机的整机电路框图。

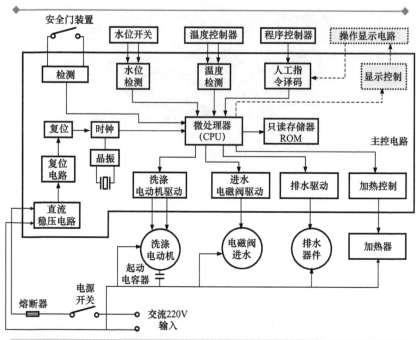

图 11-23　典型洗衣机的整机电路框图

　　主控电路为洗衣机的核心控制部分，经程序控制器（或操作显示电路）将人工指令送入控制电路的微处理器（CPU）中，由该 CPU 控制电磁阀进水、洗涤电动机运转、排水器件脱水、加热器加热等工作。

　　主控电路中的 CPU 接收由水位开关送入的水位检测信号和温度控制器传输的温度检测信号，对洗衣机的水位、温度等进行控制。

11.1.2　万用表对洗衣机的检测应用

　　使用万用表对洗衣机进行检测时，要根据洗衣机的整机结构和电路特点，确定主要检测部位。使用万用表通过对这些主要检测部位的测量，即可查找到故障线索，图 11-24 所示为典型洗衣机主要检测部位。用万用表检修洗衣机故障时，可重点对进水电磁阀、水位开关、排水系统、洗涤电动机、程序控制器、主控电路板、加热器及温度控制器和操作显示面板等进行检测。

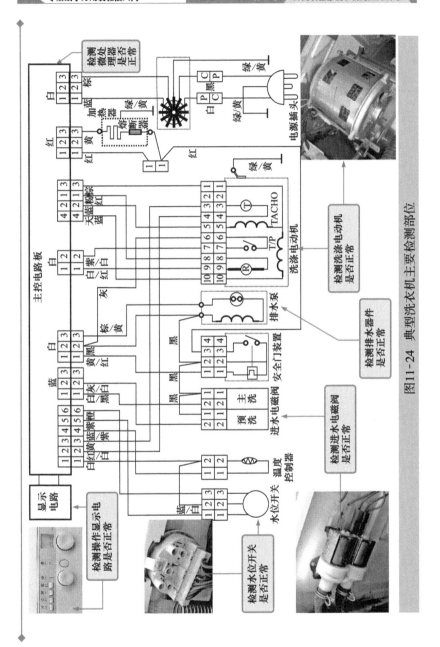

图11-24 典型洗衣机主要检测部位

11.2　万用表检测洗衣机的训练

11.2.1　万用表检测进水电磁阀

　　用万用表检测进水电磁阀时，可重点检测其供电电压和绕组阻值（通常，进水电磁阀的供电电压为交流220 V、电磁线圈绕组阻值为3.5 kΩ）。

　　（1）用万用表检测洗衣机的进水电磁阀，首先将洗衣机设置在"洗衣"状态，然后再检测进水电磁阀供电端的电压。

　　① 将万用表量程调至 AC 250 交流电压档，红、黑表笔分别搭在进水电磁阀电磁线圈 1 的供电端。正常情况下，其供电电压应为 220 V 左右，如图 11-25 所示。

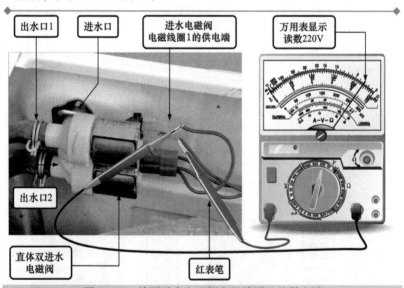

图 11-25　检测进水电磁阀电磁线圈 1 的供电端

　　②将万用表量程调至 AC 250 交流电压档，红、黑表笔分别搭在进水电磁阀电磁线圈 2 的供电端。正常情况下，其供电电压应为

220V 左右，如图 11-26 所示。

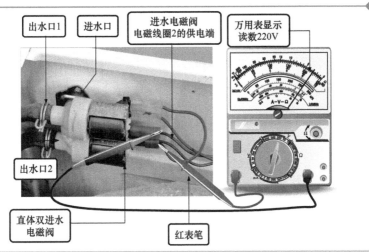

图 11-26　检测进水电磁阀电磁线圈 2 的供电端

（2）若进水电磁阀的供电电压正常，应继续对其绕组阻值进行进一步检测。检测时，将万用表量程调至"R×1k"电阻档，红、黑表笔分别搭在进水电磁阀电磁线圈 1 的连接端。正常情况下，其阻值应为 3.5 kΩ 左右，如图 11-27 所示。

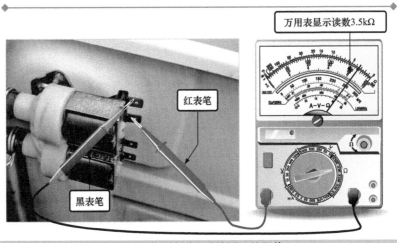

图 11-27　检测电磁线圈 1 的阻值

将万用表量程调至"R×1k"电阻档，红、黑表笔分别搭在进水电磁阀电磁线圈2的连接端，正常情况下，其阻值应为3.5 kΩ左右，如图11-28所示。

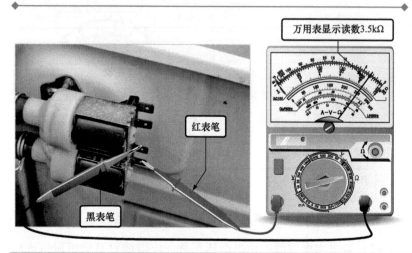

图 11-28　检测电磁线圈 2 的阻值

提示

用万用表测量电阻时，每切换一次量程都要进行一次零电阻校正，这项调整在测量时要经常进行。

11.2.2　万用表检测水位开关

用万用表检测水位开关时，可重点检测水位开关的阻值（通常，水位开关触点接通时电阻值为0 Ω）。

（1）万用表检测水位开关时，将万用表量程调至"R×1"电阻档，红、黑表笔分别搭在水位开关的低水位控制开关的连接端。正常情况下，水位开关的低水位控制开关的阻值应为0 Ω，如图11-29所示。

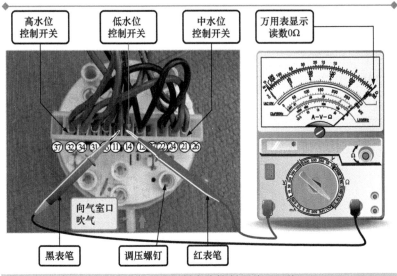

图 11-29　检测低水位控制开关的阻值

（2）若水位开关的低水位控制开关正常，应继续对水位开关的中水位控制开关的阻值进行检测。检测时，将万用表量程调至"R×1"电阻档，红、黑表笔分别搭在水位开关的中水位控制开关的连接端。正常情况下，水位开关的中水位控制开关的阻值应为 0 Ω，如图 11-30 所示。

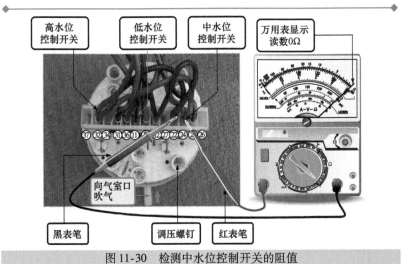

图 11-30　检测中水位控制开关的阻值

（3）若水位开关的低、中水位控制开关均正常，应继续对水位开关的高水位控制开关的阻值进行检测。检测时，将万用表量程调至"R×1"电阻档，红、黑表笔分别搭在水位开关的高水位控制开关的连接端，正常情况下，水位开关的高水位控制开关的阻值应为0Ω，如图11-31所示。

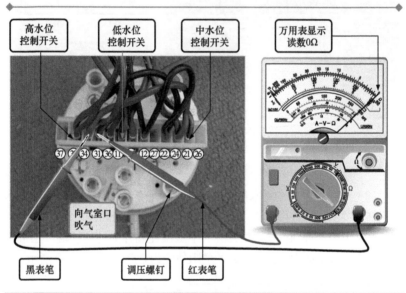

图 11-31　检测高水位控制开关的阻值

提示

　　在区分高中低水位开关时，首先将洗衣机断电，通过向气室口吹气，根据吹气的"小、中、大"使水位开关处于低水位控制、中水位控制、高水位控制状态，再分别检测水位开关的低水位控制开关、中水位控制开关、高水位控制开关的阻值。

11.2.3　万用表检测排水器件

　　洗衣机的排水器件主要有排水泵、电磁牵引式排水阀和电动机牵引式排水阀三种，不同的排水器件在检测时，具体的操作方法也有所不同。

 1. 万用表检测排水泵的方法

用万用表检测排水泵时，可重点检测排水泵的供电电压和绕组线圈阻值（通常，其供电电压为交流220V、电阻值为22Ω左右）。

（1）检测排水泵前，要先将洗衣机设置在"脱水"状态，然后再检测排水泵供电端的电压。检测时，将万用表量程调至 AC 250 交流电压档，红、黑表笔分别搭在排水泵的供电端。正常情况下，其供电电压应为 220 V 左右，如图 11-32 所示。

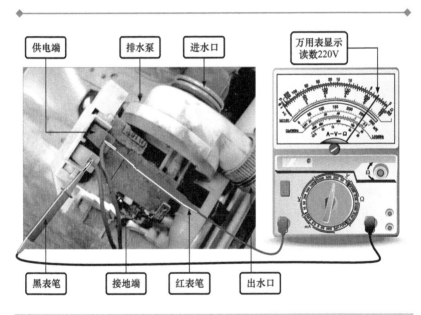

供电端　　排水泵　　进水口　　万用表显示读数220V

黑表笔　　接地端　　红表笔　　出水口

图 11-32　检测排水泵供电端的电压

（2）若排水泵的供电电压正常，应继续对排水泵的绕组阻值进行进一步检测。检测时，将万用表量程调至"R×1 k"电阻档，红、黑表笔分别搭在排水泵的连接端，正常情况下，其阻值应为 22 kΩ 左右，如图 11-33 所示。

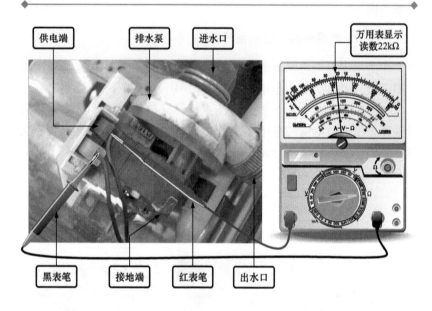

图 11-33 检测排水泵的绕组阻值

 2. 万用表检测电磁牵引式排水阀的方法

用万用表检测电磁牵引式排水阀时，可重点检测其供电电压和阻值（**通常**，电磁铁牵引器的供电电压在交流 180～220V 之间；在未按下微动开关压钮时，电磁牵引器的阻值约为 114Ω，按下微动开关压钮时，阻值约为 3.2kΩ）。

（1）检测电磁铁牵引式排水阀前，要先将洗衣机设置在"脱水"状态，然后再检测电磁铁牵引器供电端的电压。检测时，将万用表量程调至 AC 250 交流电压档，红、黑表笔分别搭在电磁牵引器的供电端。正常情况下，其供电电压应为 220 V 左右，如图 11-34所示。

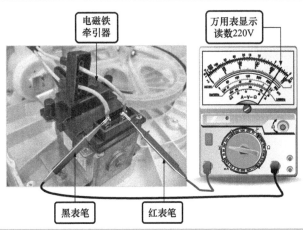

图 11-34　检测电磁铁牵引器供电端的电压

（2）若电磁铁牵引式排水阀中电磁牵引器的供电电压正常，应继续对其阻值进行进一步检测。检测时，将万用表量程调至"R×10"电阻档，红、黑表笔分别搭在电磁铁牵引器的连接端。正常情况下，电磁铁牵引器的阻值应为114 Ω 左右，如图11-35 所示。

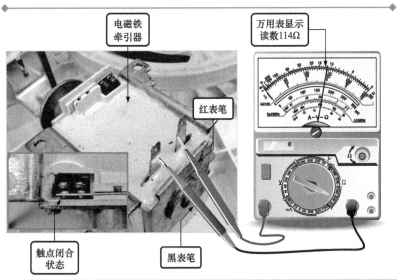

图 11-35　检测电磁牵引器触点闭合时的阻值

（3）若电磁铁牵引器在触点闭合时，阻值正常，应继续对其在触点断开时的阻值进行进一步检测。检测时，将万用表量程调至"R×1 k"电阻档，红、黑表笔分别搭在电磁铁牵引器的连接端。正常情况下，电磁铁牵引器的阻值应为 3.2kΩ 左右，如图 11-36 所示。

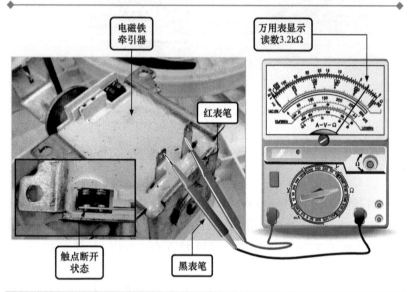

电磁铁
牵引器

万用表显示
读数3.2kΩ

红表笔

触点断开
状态

黑表笔

图 11-36　检测电磁牵引器触点断开时的阻值

3. 万用表检测电动机牵引式排水阀的方法

用万用表检测电动机牵引式排水阀时，可重点检测电动机牵引器的供电电压和阻值（通常，电动机牵引器的供电电压在交流180 ~ 220 V 之间；在行程开关处于关闭状态时，电动机牵引器的阻值约为3 kΩ，在行程开关处于打开状态时，阻值约为 8 kΩ）。

（1）检测电动机牵引式排水阀前，要先将洗衣机设置在"脱水"状态，然后再检测电动机牵引器供电端的电压。检测时，将万用表量程调至 AC 250 交流电压档，红、黑表笔分别搭在电动机牵引器的供电端。正常情况下，电动机牵引器的供电电压应为 220 V 左右，如图 11-37 所示。

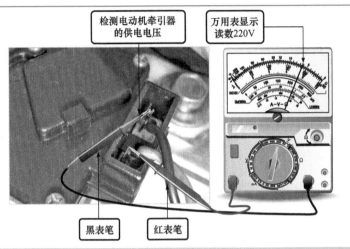

图 11-37　检测电动机牵引器的供电电压

（2）若电动机牵引式排水阀的供电电压正常，应继续对电动机牵引式排水阀中电动机牵引器的阻值进行进一步检测。检测时，将万用表量程调至"R×1k"电阻档，红、黑表笔分别搭在电动机牵引器的连接端。正常情况下，电动机牵引器的阻值应为 3 kΩ 左右，如图 11-38 所示。

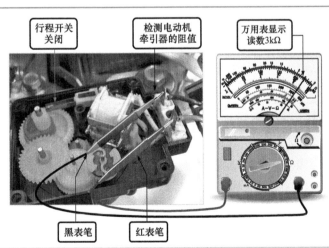

图 11-38　检测牵引器行程开关闭合时的阻值

（3）若电动机牵引器在行程开关闭合时，阻值正常，应继续对其在行程开关断开时的阻值进行进一步检测。检测时，将万用表量程调至"R×1k"电阻档，红、黑表笔分别搭在电磁铁牵引器的连接端。正常情况下，电磁铁牵引器的阻值应为 8 kΩ 左右，如图 11-39 所示。

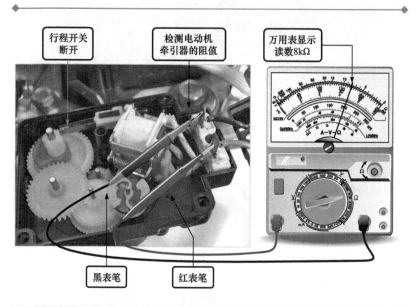

图 11-39　检测牵引器行程开关断开时的阻值

11.2.4　万用表检测微处理器

用万用表检测微处理器时，应在洗衣机断电的条件下检测，将万用表量程调至"R×1k"电阻档，黑表笔搭在接地端，红表笔搭在微处理器的各个引脚端，如图 11-40 所示。

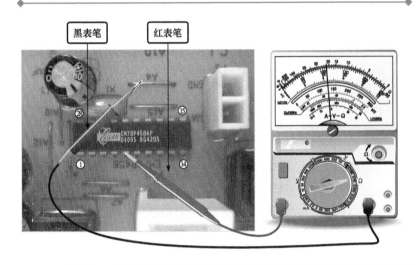

黑表笔　　红表笔

图 11-40　检测微处理器

正常情况下，万用表（量程旋钮扳到"R×1k"电阻档）测得微处理器各引脚的阻值见表 11-1 所列。

表 11-1　　　　　　　　　　　　　　　　　　单位：kΩ

引脚	对地阻值	引脚	对地阻值	引脚	对地阻值	引脚	对地阻值
①	0	⑧	23	⑮	5.8	㉒	0
②	0	⑨	23	⑯	5.8	㉓	0
③	27	⑩	28	⑰	5.8	㉔	16.5
④	18.5	⑪	28	⑱	5.8	㉕	16.5
⑤	22	⑫	28	⑲	5.8	㉖	31
⑥	20	⑬	28	⑳	5.8	㉗	31
⑦	32	⑭	28	㉑	0	㉘	15

11.2.5　万用表检测洗涤电动机

在使用万用表检测洗涤电动机的过程中，应重点对其供电电压和绕组阻值进行检测，不同的洗涤电动机具体的检测方法也有所差异，下面分别检测单相异步电动机和电容运转式双速电动机。

 1. 万用表检测单相异步电动机的方法

用万用表检测单相异步电动机时，可重点检测其供电电压和绕组阻值，（通常，单相异步电动机供电电压为交流 220 V，绕组的电阻值为 35 Ω 左右）。

（1）检测单相异步电动机前，要先将洗衣机断电，然后再检测单相异步电动机的三端的绕组阻值。检测时将的红表笔搭在黑色导线上，黑表笔搭在棕色导线上，其阻值为 35 Ω，如图 11-41 所示。

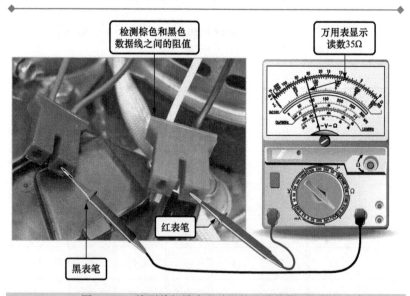

图 11-41　检测单相异步电动机的三端的绕组阻值

（2）将的红表笔搭在黑色导线上，黑表笔搭在红色导线上，其阻值为 35 Ω，如图 11-42 所示。

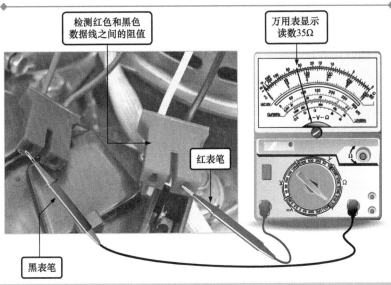

图 11-42　检测红、黑数据线间的阻值

（3）将的红表笔搭在红色导线上，黑表笔搭在棕色导线上，其阻值为 70 Ω，如图 11-43 所示。

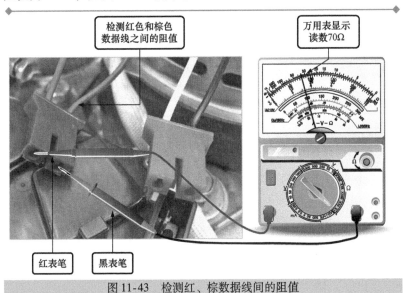

图 11-43　检测红、棕数据线间的阻值

2. 万用表检测电容运转式双速电动机的方法

用万用表检测电容运转式双速电动机时，可重点检测其各绕组之间和过热保护器的阻值。

（1）用万用表检测电容运转式双速电动机时，应先对其过热保护器进行检测。检测时，将万用表量程调至"R×1"电阻档，红、黑表笔分别搭在过热保护器的连接端。正常情况下，过热保护器的阻值为27Ω左右，如图11-44所示。

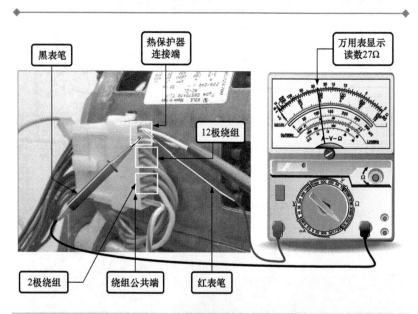

图11-44　检测过热保护器的阻值

（2）若电容运转式双速电动机的过热保护器阻值正常，应继续对其绕组阻值进行检测。检测时，洗衣机断电，将万用表量程调至"R×1Ω"电阻档，红、黑表笔分别搭在电容运转式双速电动机的绕组连接端。正常情况下，12极绕组的阻值为28Ω左右，如图11-45所示。

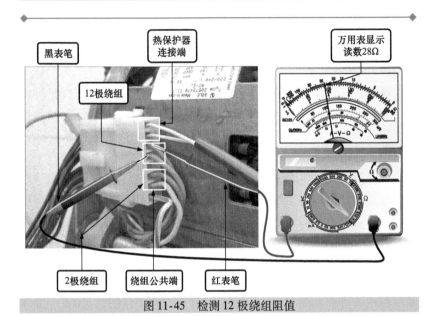

图 11-45   检测 12 极绕组阻值

（3）将万用表量程调至"R×1Ω"电阻档，红、黑表笔分别搭在电容运转式双速电动机的绕组连接端。正常情况下，2极绕组的阻值为 36 Ω 左右，如图 11-46 所示。

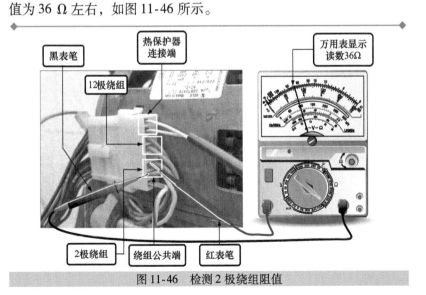

图 11-46   检测 2 极绕组阻值

11.2.6 万用表检测操作显示电路板

操作显示电路出现故障后，常导致洗衣机不启动、洗涤异常或显示异常的现象，用万用表检测操作显示电路时，应重点检测其输出电压。检测操作显示电路前，应先为其供电，使其工作后在对其进行电压的检测。

检测操作显示电路前，应根据洗衣机出现的不同故障现象检测相应的部位，例如对安全门装置、水位开关、进水电磁阀、排水器件、洗涤电动机等输出电压的检测。

 1. 安全门装置接口端输出电压的检测方法

用万用表检测安全门装置时，可重点检测其电阻值，（通常，安全门装置动块与上盖之间的作用撤销时，电阻值为∞；安全门装置动块与上盖之间相互作用时，电阻值为 0 Ω）。

检测安全门装置接口端输出电压时，将万用表量程调至 DC 10 直流电压档，黑表笔接触负极，红表笔接触正极。正常情况下，安全门装置接口端的输出电压应为直流 5 V，如图 11-47 所示。

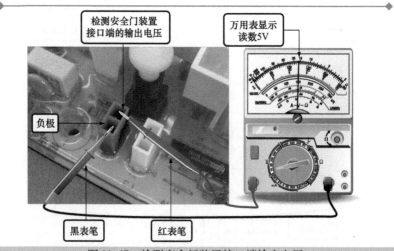

图 11-47　检测安全门装置接口端输出电压

2. 水位开关接口端输出电压的检测方法

检测水位开关接口端输出电压时，将万用表量程调至 DC 10 直流电压档，黑表笔接负极，红表笔接正极。正常情况下，万用表测得电压值应为直流 5 V，如图 11-48 所示。

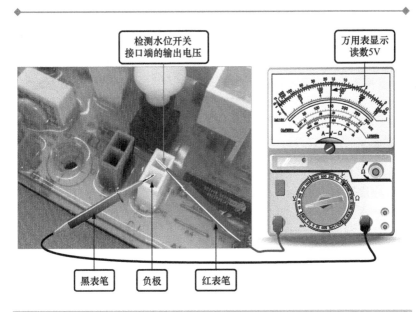

图 11-48　检测水位开关接口端输出电压

 3. 进水电磁阀接口端输出电压的检测方法

检测进水电磁阀接口端的输出电压前，可先检测洗衣机在待机状态时，进水电磁阀接口端的待机电压。

（1）检测进水电磁阀接口端输出电压时，将万用表量程调至 AC 250 V 交流电压档，红表笔接在进水电磁阀接口端，黑表笔接电源接口端。正常情况下，进水电磁阀接口端待机电压为 AC 180 V 左右，如图 11-49 所示。

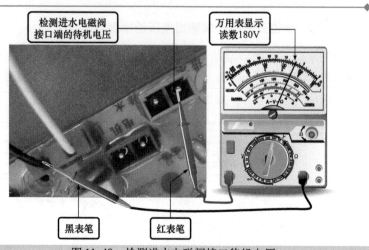

图 11-49　检测进水电磁阀接口待机电压

（2）若检测进水电磁阀接口端待机电压正常，还应继续对其输出电压进行进一步检测。检测可在洗衣机在"洗衣"状态进行。检测时，将万用表量程调至 AC 250 V 交流电压档，红表笔接在进水电磁阀接口端，黑表笔接电源接口端。正常情况下，进水电磁阀接口端输出电压为 AC 220 V 左右，如图 11-50 所示。

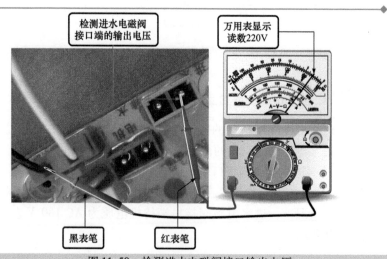

图 11-50　检测进水电磁阀接口输出电压

4. 排水器件接口端输出电压的检测方法

检测排水器件接口端输出电压前，可先将洗衣机处于待机状态，对排水器件的待机电压进行检测。

（1）检测时，将万用表量程调至 AC 250 V 交流电压档，红表笔接在排水器件接口端，黑表笔接电源接口端。正常情况下，排水器件接口端待机电压为 AC 180 V 左右，如图 11-51 所示。

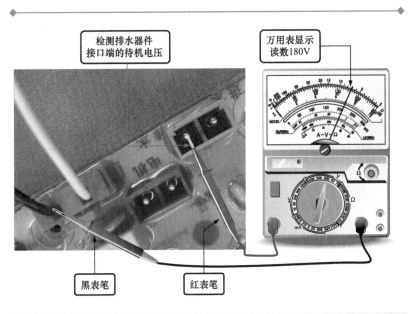

图 11-51　检测排水器件接口端待机电压

（2）若检测排水器件接口端待机电压正常，可对其输出电压进行进一步检测。检测时，将万用表量程调至 AC 250 V 交流电压档，红表笔接在排水器件接口端，黑表笔接电源接口端。正常情况下，排水器件接口端输出电压为 AC 220 V 左右，如图 11-52 所示。

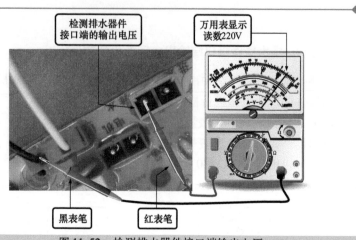

图 11-52　检测排水器件接口端输出电压

5. 洗涤电动机接口端输出电压的检测方法

检测洗涤电动机接口端的输出电压时，应是洗衣机处于正、反转旋转洗涤工作状态。将万用表量程调至 AC 500 V 交流电压档，红、黑表笔任意搭在洗涤电动机的接口端。正常情况下，洗涤电动机接口端电压为 AC 380 V 间歇供电电压，如图 11-53 所示。

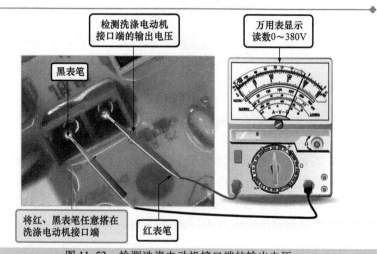

图 11-53　检测洗涤电动机接口端的输出电压

读者需求调查表

亲爱的读者朋友：

您好！为了提升我们图书出版工作的有效性，为您提供更好的图书产品和服务，我们进行此次关于读者需求的调研活动，恳请您在百忙之中予以协助，留下您宝贵的意见与建议！

个人信息

姓名：		出生年月：		学历：	
联系电话：		手机：		E-mail：	
工作单位：				职务：	
通讯地址：				邮编：	

1. 您感兴趣的科技类图书有哪些？

□自动化技术 □电工技术 □电力技术 □电子技术 □仪器仪表 □建筑电气
□其他（ ）以上各大类中您最关心的细分技术（如 PLC）是：（ ）

2. 您关注的图书类型有：

□技术手册 □产品手册 □基础入门 □产品应用 □产品设计 □维修维护
□技能培训 □技能技巧 □识图读图 □技术原理 □实操 □应用软件
□其他（ ）

3. 您最喜欢的图书叙述形式：

□问答型 □论述型 □实例型 □图文对照 □图表 □其他（ ）

4. 您最喜欢的图书开本：

□口袋本 □32 开 □B5 □16 开 □图册 □其他（ ）

5. 购书途径：

□书店 □网络 □出版社 □单位集中采购 □其他（ ）

6. 您认为图书的合理价位是（元/册）：

手册（ ） 图册（ ） 技术应用（ ） 技能培训（ ）
基础入门（ ） 其他（ ）

7. 每年购书费用：

□100 元以下 □101~200 元 □201~300 元 □300 元以上

8. 您是否有本专业的写作计划？

□否 □是（具体情况： ）

非常感谢您对我们的支持，如果您还有什么问题欢迎和我们联系沟通！

地址：北京市西城区百万庄大街22 号 机械工业出版社电工电子分社 邮编：100037
联系人：张俊红 联系电话：13520543780 传真：010-68326336
电子邮箱：buptzjh@163.com（可来信索取本表电子版）

编著图书推荐表

姓　　名		出生年月		职称/职务		专　业	
单　　位				E-mail			
通讯地址						邮政编码	
联系电话			研究方向及教学科目				

个人简历（毕业院校、专业、从事过的以及正在从事的项目、发表过的论文）

您近期的写作计划有：

您推荐的国外原版图书有：

您认为目前市场上最缺乏的图书及类型有：

地址：北京市西城区百万庄大街22号　机械工业出版社　电工电子分社

邮编：100037　网址：www.cmpbook.com

联系人：张俊红　电话：13520543780/010-68326336 （传真）

E-mail：buptzjh@163.com （可来信索取本表电子版）